坏心情自愈法

· 刘惠丞 · 余壹 · 著

中国友谊出版公司

图书在版编目（CIP）数据

坏心情自愈法 / 刘惠丞，余壹著 . -- 北京：中国友谊出版公司，2022.2

ISBN 978-7-5057-5338-9

Ⅰ . ①坏… Ⅱ . ①刘… ②余… Ⅲ . ①情绪－自我控制－通俗读物 Ⅳ . ① B842.6-49

中国版本图书馆 CIP 数据核字 (2021) 第 192600 号

著作权合同登记号　图字：01-2022-0132

本书由北京源知文化传播有限公司正式授权，经由凯琳国际文化公司代理，北京斯坦威图书有限责任公司策划发行中文简体字版本。

书名　**坏心情自愈法**
作者　刘惠丞　余壹
出版　中国友谊出版公司
发行　中国友谊出版公司
经销　新华书店
印刷　天津中印联印务有限公司
规格　880 × 1230 毫米　32 开
　　　　7.5 印张　173 千字
版次　2022 年 2 月第 1 版
印次　2022 年 2 月第 1 次印刷
书号　ISBN 978-7-5057-5338-9
定价　49.80 元
地址　北京市朝阳区西坝河南里 17 号楼
邮编　100028
电话　（010）64678009

前言

在现实生活中，很多人终其一生都不知道自己到底有多大的能力，因为他们从来没有梦想成真的企图，没有努力过，也没有尝试过。他们每天只是庸庸碌碌地为生存奔忙，没有感受过生命力的强大，没有享受过创造的快乐。

谁不想人生过得高贵而富有意义呢？但有些人的人生却不尽如人意。是他们智商低，还是缺乏能力？都不是，只是他们没有精心规划和控制自我、控制人生，没有让生命发挥出高效力。

为什么有人一心想要改变，可事到临头却总是无法自制，甚至连自己的生活也过不好？答案就是：他们不懂得控制自己，也不懂得控制自己的情绪。成功不是靠控制别人得到的，成功大多是自我控制的结果。

我们为什么要控制自我？随心所欲的生活不是更快乐吗？如果你只想随波逐流、听天由命，平庸地度过一生，那当然不必费心控制你自己，但如果你想使自己的人生更有价值，生活更丰富快乐，你就必须学会控制自我。既然我们想高质量地生活在这个世界上，就应学会调整自己的思想和情绪。

此刻，你或许正被困难、压力、工作期限所支配，或是被痛苦的回忆、不断的恐惧或潜意识所控制。如果你放弃了自我控制，就等于放弃了对自己人生命运的控制权。因此，你只有学会自我控制，才能得到更多。

大多数人都有过被消极情绪所拖累的经历，似乎烦恼、压抑、失落甚至痛苦总是接二连三地袭来，于是频频抱怨生活对自己不公平，企盼着欢乐的降临。其实，喜怒哀乐是人之常情，想让生活中不出现一点烦心事几乎是不可能的，关键是如何有效调整和控制自己的情绪，做自己生活的主人，做自己情绪的主人。

很多人都懂得让情绪听话这个道理，但一遇到具体问题就知难而退，认为“控制情绪实在是太难了”。言下之意是：“我是无法控制情绪的。”别小看这些自我否定的话，这是一个不良暗示，它真的可以毁灭你的意志，让你丧失战胜自我的决心。

还有的人习惯于抱怨这个世界：“没有人比我更倒霉了，世界对我太不公平了。”在抱怨声中，他得到了片刻的安慰和解脱：“这个问题怪这个世界，不怪我。”结果却因小失大，让自己在无形中失去了主宰自己生活的权力。

其实快乐是可以自己寻找的，情绪也是可以控制、管理的。如果我们能调整、管理好自己的情绪，就能拥有多彩、美好的人生。情绪可以决定你的命运，做好情绪管控，关乎你一生的成功和幸福。

刘惠丞　余壹

目 录

CONTENTS

第三章 心理暗示，增强自制

第四章 奇方妙法，管理情绪

第五章　战胜愤怒，重塑自我

第六章　掌控焦虑，身心合一

第七章　疏解不满，情绪自合

第八章 清除空虚，充实内心

第九章 放松心情，解除忧虑

第十章　把脉情绪，综合调适

第一章　认识情绪，掌控自我

人类的需求既有物质需求又有精神需求，涉及各方面，因而也会产生复杂多样的情绪。那究竟什么是情绪呢？情绪是人对客观事物态度的体验，是人的需求获得满足与否的反映。当客观事物能够满足人的需求时，就会产生积极的情绪体验，如高兴、喜悦、满意；反之则会使人产生消极的情绪体验，如不满、生气、悲痛、愤怒等。情绪让我们每个人的生命力更加鲜活生动，但有时也让我们无法应对。因此，学会管理好我们的情绪、增强自我控制能力，是我们每个人都应该面对的课题。

1 唯有心情，伴你一生

学会用一种坦然和从容的态度去看待自己所遭遇的一切，这是最佳的人生态度。

有什么能伴你一生呢？

若问孩子，孩子多半会回答“父母”；若问恋人，他们可能会回答“爱人”；若问中年人，得到的答案多是“孩子”。

生命之初，父母的确是我们不可多得的伙伴，他们掏心掏肺地疼着我们、宠着我们、爱着我们，但父母终究是要先我们而去的，再怎么舍不得、放不下，也终是留不住，因此他们只能陪伴我们前半生。

爱人呢？在初恋之始，我们期望着你中有我、我中有你、生死不渝的爱情，甚至想要不求同生但求共死的相依。但经历了世事纷扰、红尘起伏后终于明白，那样的爱情只会出现在书中、戏中。现实中的夫妻能做到相安无事已经难得。而到了年老要离开这个世界的时候，要么爱人先我们而去，要么我们留爱人独自在世上生活，因此爱人也不可能永远陪伴我们一生。

那么孩子呢？的确，孩子是自己身上掉下的一块肉，是我们含辛茹苦扶养长大、教育成人的。但孩子总要长大成人，总要成家立业，即使他不是“有了媳妇忘了娘”的忤逆之子，也总会有有心无力的时候。况且我们还有在他出生之前那么长的一段光阴是他无法陪伴的。所以，再孝顺的孩子至多只能陪伴我们走过后半生。

那么，陪伴我们一生的是什么？工作价值有人剥夺，地位有人替代，只有心情是唯一不能被剥夺的财富。不管是好心情、坏心情，还是不好不坏的心情，总是它陪伴你一生。

在同一个公司上班，有的人开开心心，有的人郁郁寡欢，原因倒不是后者的职场路上障碍多、门槛高，而是每个人的性格和心情有所差异。

很多人的心就像温室的花朵，经不起风吹雨打。因为小贩的缺斤少两，因为受主管责难，因为和同事发生争执，因为与升职加薪擦肩而过，因为家庭琐事争执不休，因为婆媳关系不融洽，因为被人算计……由此，心情变得一团糟。茶不思、饭不想、睡不好，心里的压抑随之而来，看待世界的观点变了，待人处事的方式也受到了影响，久之给自己带来疾病……这些不都是因为心情不好导致的吗?

好心情就不同了。好心情，可以化疾病为健康；好心情，可以使家庭和睦相处；好心情，可以让人把握机会，成就你的事业；好心情，可以帮你结交益友；好心情，可以让你观赏周边的美景。

当然，冰冻三尺非一日之寒，好的心情也非一蹴而就。好心情由一个人的人格、学识、品格、才能等塑造，由渐悟而顿悟，最后修成正果。

每个人都有不开心的时候，我们常听到所谓的“垂头丧气”“一蹶不振”等，都是心情不好的表现。其实，很多事的结果取决于我们对它的态度。处理某件事时，你认为它好便好，你认为它不好，可能就不好。

因此，要学会用坦然和从容的态度来看待生活。当遇到不顺心的事，要多想一想，不幸很快会过去。或者说，不幸既已发生，还去想它那不是更大的不幸吗?

好心情是一种心理感受，开心或快乐是一种精神活动，是一种发自内心的感受。生命是一个过程，生死原本是平常事，我们常常痛惜，不是因为死亡本身，而是因为人生有遗憾。

“好好活着”是许多逝者弥留之际给生者的唯一忠告。直面生命是一种态度，善待自己，就是善待生命。

伴你一生的是心情，它是你唯一不能被剥夺的财富。保持了心理平衡，你就掌握了健康的法宝。

2 认知因素，左右情绪

认知在情绪中的作用在于判断刺激物是否符合个体的需求，从而产生肯定的或否定的情绪。

情绪是对人的生理及社会需求是否得到满足的反映。例如，当小孩子又累又困，特别想睡觉时，家长非要他去学习，他就会表现得很烦躁；如果我们能与自己所爱的人在一起，就会感到幸福。而认知则包括感知、思维和决策等一系列的活动，例如我们接触一个人时，对他的外貌、言谈举止的印象，考虑他说的话有什么含义，我们是否想跟他进一步接触，等等。

情绪和认知虽然都是独立的心理过程，有自己的产生机制和变化规律，但是二者有着密切的联系。情绪的调节功能对认知活动的组织产生促进或瓦解的作用。一般来说，正向情绪如愉快、兴奋等对认知活动产生协调、促进的作用；负向情绪如担忧、沮丧等则对认知活动产生破坏、瓦解或阻断的作用。

现代心理学的认知学说主张情绪起源于个体对环境事件的知觉、记忆、经验。决定一个人产生这样或那样的情绪，或同一事件在不同的时间下使同一个人产生不同的情绪的因素，是人对环境事件的评估、愿望、记忆中的经验等，统称为“认知因素”。

认知因素是如何影响情绪的呢？美国心理学家艾利斯曾提出了一个情绪困扰理论（又称 ABC 理论）。在他的理论当中，A 代表触动、激发事件；B 代表个人的信念系统、想法，是一个人对事件的定义、解释；C 代表情绪的结果，即情绪反应。艾利斯认为，直接引起 C 的不是 A 而是 B。

很多面临挫折的人，往往习惯于说：“我真是太不幸了”“我实在无法忍受这件事”等，这些都是他本人对该事件的想法和解释（B）。正是由于这种想法和解释，才产生情绪的困扰（C）。

有一位年轻人被公司解雇了，对此事基本的判断是他的认知观念。如果他认为人生总有难关要过，这件事也是正常的，可以接受，那么他就会正确地调整自己，重新选择工作。但他如果在这件事上认为自己倒霉透了，那么他很可能陷入悲观情绪中不能自拔。

在认知模式层面，如果这个年轻人的认知模式是积极的、客观的、全面的，那么他会认清此次被辞退的客观真实原因，也许是工作确实不适合自己，于是他能更理性地面对生活，在重新寻找工作的过程中避免犯类似的错误。但是，如果他的认知模式是消极的、片面的、主观的，他可能就会认为自己挺倒霉的，或是主管有意整自己。用这样的方式来看待人、事，就会很容易出现偏差。这种认知方式在心理学中称为“归因模式”。

有些人总是把解决问题的因素归结为自己不能掌控的方面，如他人、环境、运气等，此为外控型；另外一些人则把解决问题的因素归结为自己能够掌握的方面，如自己的努力、学习、准备情况等，此为内控型。

除了认知方式以外，这个年轻人还可能由于理解能力和知识背景的局限而难以正确地认知自己被解雇的原因。如果他的认知能力很强，他就可以通过各种信息准确判断自己被解雇的真实原因，可能是公司的确有困难。由于认知能力强，他结合自己的专业优势和性格特点，在分析各种就业信息后，能够迅速找到新的工作；但如果他的认知能力不强，那么他对事件的判断就不正确，解决问题的思路就会容易遇到死角。

因此，调整心理紊乱、解除心理障碍的关键在于识别认知中的“差错”，并更换新的合理的思考方式。

3 另看情绪，钟摆效应

幸福快乐的人生本来就是由你自己决定的。

什么是“钟摆效应”？用物理学来解释：当钟的摆锤所处的初始位置越高，那么根据动能和位能转化原理，它摆过最低点后能够到达对面的位置就越高。同样，这种“钟摆效应”也存在于情绪之中。

我们知道，情绪本身并没有好坏之分，它就像世上其他事物一样，以对人生的成功快乐有无贡献为衡量标准，有没有贡献决定了一种情绪状态是好还是坏。

为了便于说明，我们暂且把情绪分为正面情绪和负面情绪。所谓正面情绪就是指对我们成功和快乐有帮助的情绪；所谓负面情绪就是对我们的成功和快乐带来妨碍作用的情绪，让我们的身心有不舒服、不愉快的感觉。在生活中，我们通常会把那些诸如愤怒、悲伤、自卑、生气、失望、懊悔等称之为负面情绪，把快乐、幸福、感恩、自信、爱等称为正面情绪。

现实生活中，总有些人因为工作或生活的压力太大，受不了情绪上的折磨，变得很“麻木”，意思是他不再对事情有什么情绪反应。这是一种自我保护机制，短时间内是没有问题的，但长期如此，必会对这个人有一定程度的伤害。

为什么这样说呢？当一个人在某一种情绪上降低了反应的强度时，他在其他的情绪上也同样会减少。也就是说，他的负面情绪强度虽然减少了，但是他的正面情绪也同样减少了，就像“钟摆”一样，摆动起来左右两边幅度总是一样，心理学上将这种现象称之为“钟摆效应”。

这个人对别人的责骂感觉麻木了，不再像以前那样愤怒了。他看了一场悲壮的电影后，也不会像其他人那样激动：“有什么好激动的？不就是一场电影吗？！”同时，对一个在别人看来非常好笑的笑话，他也不会感到好笑：“这有什么好笑的？”那些不好的事不会影响他，同样，那些令人高兴的事也不会使他欢欣、喜悦了！这就像钟摆一样，左边摆得高右边就会摆得高，左边摆得低右边也摆得低。慢慢下去，最后就会变成不摆动的钟摆，停留在正中间一点也不动。

若真到了这种情况时，什么事情都不会使他难过，也不会使他开心，他对什么事情都没感觉，就像一个行尸走肉！日子久了，每天的生活都枯燥乏味。有一天他醒来会问自己：“生活的意义是什么？每天的挣扎，难道只为延续这种没有乐趣的存在？”

人的感觉不单纯是情绪的根源，也是我们能力的所在。每一种内在的能力，例如自信、勇气、冲动、冷静、幽默感、创造力，都只不过是内心的一份感觉。对事情的分析判断，也需要感觉（“做事没有分寸”“说话不知轻重”等都是感觉不足的表现）。记忆、学习也都需要感觉的参与。

那么，我们如何来对待这种情绪呢？答案是：应该把自己的情绪感应的幅度尽量扩大（重回较大的摆动幅度）。这样，一天中每一件事情给我们的满足、喜悦、自豪、信心，我们能完全感觉得到，心中充满人生的意义和乐趣。偶然一次负面的打击，虽然强度很高，但是因为每天所得到的满足、喜悦、自豪、自信足够多，我们也能承受，而且我们还有很多心态上的技巧去处理负面情绪。这样我们就能够轻松掌握幸福快乐的人生！

4 看法、行动，情绪控制

情绪是一种可变化的持续性情感，它直接影响人对事物的看法和行动。

情绪直接影响着一个人的看法和行动。同一个人，因情绪好坏不同，可对同一件事产生完全不同的两种甚至更多的看法和反应。比如说，一对男女热恋，女方说："你不嫌我胖吗？"男方说："胖好，杨贵妃就胖。"后来夫妻失和，男方说："看你胖得像头猪，真讨厌！"

人的情绪影响其对事物的看法、态度和反应，而事物又反过来影响人的情绪。两者互相影响，互为因果。

在生活中，我们都有这种体验：在情绪良好时思路开阔，思维敏捷，学习和工作效率高；而在情绪低沉或郁闷时，则思路阻塞，操作迟缓，无创造性，学习工作效率低。强烈的情绪会骤然中断正在进行的思维；持久而炽热的情绪，则能激发出人的无限能量去完成任务。当你对某人、某事、某物产生强烈的爱或恨的情感时，你的看法和行动就会有所改变，如常人说的"情人眼里出西施""爱屋及乌"等。

莎士比亚在他的话剧《恺撒大帝》中的第一幕第二场，描写了凯歇斯和布鲁图斯的一段对话。

凯歇斯："布鲁图斯，我近来留心观察您的态度，从您的眼光之中，我觉得您对我已经没有从前那样的温情和友爱。您对爱您的朋友，太冷淡而疏远了。"

布鲁图斯："凯歇斯，不要误会。要是我在自己的脸上罩着一层阴云，那只是因为我自己心里有些烦恼。我近来为某种情绪所困扰，某种不可告人的隐忧，使我在行为上也许有些反常的地方。可是，凯歇斯，您是我的好朋友，请您不要因此而不快，也不要因为可怜的布鲁图斯和他自己交战，忘记了对别人的礼貌，而责怪我的怠慢。"

布鲁图斯心里的“某种不可告人的隐忧”实际上就是他对恺撒既敬又怕的情感交织，同时还有他对将要联合众人密谋杀害恺撒的恐惧，这几种情绪使得他内心充满了矛盾和烦恼，所以在行为上就出现了种种异常。

布鲁图斯的这种异常被凯歇斯察觉。虽然布鲁图斯一直用理智和意志来控制自己的行为，但是他还是露出了破绽。虽然裘利斯·恺撒没有发现布鲁图斯心中的秘密，但这不能说明布鲁图斯伪装得高明，这只能说明裘利斯·恺撒因为过度的自信而忽略了身边人的表现。

情绪影响人的看法和行动的具体表现为：

1. 情绪可以激励人的行为，改变人的行为效率，发挥重要的动机作用。积极的情绪可以提高人们的行为效率，对动机产生正向推动作用；消极的情绪则会干扰、阻碍人的行动，降低效率，对动机产生负面影响。研究发现，适度的兴奋会使人的身心处于最佳活动状态，能促进人积极的行动，从而提高效率。

2. 情绪、情感是心理活动的组织者。它可以影响人们对事物的知觉选择，维持稳定的注意或重新分配注意资源到更重要的刺激上，对人的记忆和思维活动也会产生明显的影响。例如，人们往往更容易记住那些自己喜欢的事物，而对不喜欢的东西记起来则比较吃力。

3. 情绪可在人际关系之间进行传递，因而成为人类信息交流的一种重要形式。情绪的外部表现主要有脸部表情、肢体表情、言语声调变化这三种形式。高兴时眉开眼笑，手舞足蹈，讲起话来眉飞色舞、神采飞扬；发怒时横眉立目，握紧拳头，大声斥责；悲哀时语言哽咽；悔恨时捶胸顿足；失望时垂头丧气……所有这一切，都作为一种信号被赋予特定意义传达给别人，而他人亦会在接收信号的同时发出反馈信号。

显然，情绪伴随我们一生，我们对于情绪的理解大幅影响着我们的智慧和洞察力。比如，当我们情绪低落时要比感觉良好时更多地想到自己的不如意，我们拿自己同别人相比并深信别人比我们出色，只相信那些消极的、悲观的想法。而当我们情绪高涨时，思维方式就完全不同，我们不再胡思乱想，不再相信别人做得比我们好，甚至不再花精力去和他们相比较，我们会认识到大家各有各的想法，会尽力而为，只和自己比。在这个过程中，我们会感到精神为之一振，我们的看法和行动也会变得积极起来。

因此，当情绪低落时，要知道情绪将对你的看法和行动产生的影响。你对情绪的理解使你保有洞察力，让你对情绪低落时的想法不会过于认真，对消极和恐惧的感受也能平静接纳，并把它们作为情绪化的表现驱散。

著名专栏作家哈理斯和朋友在报摊上买报纸时，朋友礼貌地对报贩说了声“谢谢”，但报贩却冷着脸，不发一言。

“这家伙态度很差，是不是？”他们继续前行时，哈理斯问道。

“他每天晚上都是这样的。”朋友说。

“那么你为什么还是对他那么客气？”哈理斯问他。

朋友答道：“为什么我要让他决定我的行为？”

是啊，为什么让别人的情绪影响自己的看法和行动呢？现在请你记住：一个成熟的人能握住使自己快乐的“钥匙”，他不期待别人使他快乐，反而能将快乐与幸福带给别人。他的情绪稳定，为自己负责，和他在一起是种享受，而不是压力。你的“钥匙”在哪里？在别人手中吗？快去把它拿回来吧！

5 成熟情绪，自有标准

情绪是认识和洞察人们内心世界的重要尺度之一，它标志着个性成熟的程度。

随着年龄的增长，每个人在情绪上都会趋于成熟。当不如意的时候，我们不再赖在地板上大哭；当别人惹恼了我们，我们也不再是拳脚相加；我们也不再因为把事情弄糟而哭泣。不过，还是应该来想想，自己在情绪上到底成熟到哪一步？

美国著名心理学家赫洛克对情绪成熟问题提出了以下4条标准：

- 能保持身体健康：对因疲劳、失眠、头痛、消化不良等引起的情绪不稳定，自己有控制能力。
- 有行动控制能力：能考虑到行动的后果和社会的限制。
- 消除紧张情绪：能使紧张情绪向无害方向发展，而不是压抑这种情绪。
- 对社会有一定的洞察力：能够通过自己的分析思考，对各种社会现象做出较正确的判断。

我们要具体了解自己的情绪是否成熟，还可以参考以下情绪成熟的十大条件。由此，你大致上可以了解自己情绪的成熟程度，从而自觉而有效地控制和调适自己的情绪。

- 成熟的人懂得适应环境。他懂得因适应环境的需要而设计自己的行为与目标。如果自己的能力达不到既定的目标，他也懂得随机应变，对自己的目标进行适当的调整，而不会强迫自己去做力不从心的事情。

• 成熟的人做事会深思熟虑，不会轻率为之，有自己的理想和抱负。如果认为理想是可达到的话，会不惜放弃目前的享受而继续奋斗，以实现自己的心愿。

• 成熟的人有工作能力及责任感。如果是为争名夺利或满足自己的欲望才拼命工作，并非出于责任心，这都不能算成熟。

• 成熟的人有自立能力，不喜欢依靠别人，更不会希求别人的施舍或同情。

• 成熟的人有自主能力，知道什么是该做的，什么是不该做的，绝不会做一些事后追悔的事。

• 成熟的人能够虚心接受别人善意的批评或建议，而且有承认自己过失的肚量。不会因为别人批评而大发雷霆，亦不会推卸责任。

• 成熟的人懂得爱护自己，也懂得关怀别人，做事能够公私分明，不会假公济私，所以和任何人（包括他不喜欢的人）都能合作得很好。

• 成熟的人有自强的精神，不容易被人动摇其意志，有时也会因坚持己见而与别人争论。

• 成熟的人遇到挫折，会懂得在心理上进行自我防卫，如安慰自己“塞翁失马，焉知非福”，凡事都能想开一点，不会因为挫折而意志消沉。

• 成熟的人对自己的婚姻生活有正确的见解，也能体谅对方，所以是一个好伴侣。

在生活中，我们很难找到一个十全十美的情绪成熟的人，成熟也不是一天两天就可以修炼成的，它是一个人知识和阅历的结合。但我们可以通过别的方式来让自己尽快地成熟起来，比如找一个自己欣赏的人作为学习的对象，这个人可以是父母、老师，也可以是身边比自己成熟的人，要学习他们的言行举止、待人接物的态度等。人是通过模仿而成长的，适当的模仿能够让自己尽快地成熟起来。

6 情商作用，清醒认识

情商蕴涵着一种悟性，一种技巧，一种能力。只要能调动情绪，就能调动一切。

前不久，美国发表了一份权威调查报告，报告显示了美国近 20 年来政界和商界成功人士的平均智商仅在中等，而情商却很高。社会心理学家认为，一个人能否取得成功，智商只有 20% 的决定作用，其余的 80% 来自其他因素，最关键的是情感智慧，亦称“情商”。由此看来情商比智商重要得多。美国《纽约时报》科学专栏作家、心理学博士丹尼尔·葛尔曼在 1995 年曾概括了情商的 5 个面向：

1. 自我觉察。即某种感觉一产生你就能觉察到，这种能力是情感智慧的基石。对自己的情绪了解得比较清楚的人，比较善于驾驭自己的人生。但只要努力练习，我们就能对自己的直觉有更敏锐的觉察力。掌握感觉才能成为生活的主宰，面对学习、工作等人生大事才能有所抉择。

2. 驾驭心情。跟好心情一样，坏心情也能为生活增添趣味，关键是必须保持平衡。我们在情绪激动时往往不能自制，但是我们能决定让这种情绪左右多久。

3. 自我激发。有专家针对奥运选手、世界级音乐家和国际象棋大师做过研究，发现这些杰出人物有个共同特征：能激发自己苦练不辍。要激发自己去获取成就，首先要有明确的目标，以及"天下无难事"的乐观态度。你为人是乐观还是悲观，这也许是天生的，但只要肯努力去练习，悲观的人就能变得开朗。保持高度热忱是取得一切成就的动力，就是说，不断地给自己定目标，不断地前进，这在个人取得成就过程中是一个非常重要的因素。

4. 控制冲动。美国斯坦福大学曾做过这样一个试验，研究人员告诉小朋友，桌上有一颗糖，但如果他们能等到研究人员做完一些事情，就可以拿两颗。有些小朋友立刻就拿了一颗，有的小朋友却在那里等了对他们来说漫长的 20 分钟。在后续调查中研究者发现，那些在 4 岁时就能为了要多拿一颗糖而等待 20 分钟的人，到了少年时，照样能够为了达到目标而暂时克制心中的喜好。他们待人处事比较成熟，比较果断，也比较善于克服人生中的挫折。相反，那些着急拿一颗糖的孩子到了青少年阶段，大多比较固执、优柔寡断，容易精神紧张。

5. 人际关系。在与他人相处时，察言观色、善解人意是很重要的。良好的人际关系技巧是非常重要的。有研究发现那些表现突出的人，其人际关系都很好，交友广泛。

在 21 世纪，情商将是成为一个成功领导最重要的因素之一。比如，在许多员工面临自己的亲人因恐怖袭击丧生的时刻，某公司执行长马克·勒尔让自己镇定下来，把遭受痛苦的员工们召集到一起，说："我们今天不用上班，就在这里一起缅怀我们的亲人。"并一一慰问失去亲人的员工和亲属。在那充满阴云的一周中，他用自己的实际行动帮助了自己和他的员工，让他们承受了悲痛，并把悲痛转化为努力工作的热情。在许多企业经营亏损的情况下，他们公司的营业额却成倍上涨。这就是高情商领导的力量，是融合了自我情绪控制、高度忍耐、高度人际责任感的艺术。

曾经有个记者刁难一位企业家："听说您大学时某门课重考了很多次还没有通过。"这位企业家平静地回答："我羡慕聪明的人，那些聪明的人可以成为科学家、工程师、律师等等，而我们这些愚笨的可怜虫只能管理他们。"要成为卓越的成功者，不一定要智商高才可以获得成功的机会，如果你情商高，懂得如何去发掘自己身边的资源，甚至利用有限的资源拓展新的天地，滚雪球似的累积自己的资源，那你也能走向卓越。

2003 年，李开复在一次演讲中说："情商意味着有足够的勇气面对可以克服的挑战、有足够的肚量接受不可克服的挑战、有足够的智慧来分辨两者的不同。"他十分认同"要建立由品德、知识、能力等要素构成的各类人才评价指标体系"。

关于情商，李开复说："要善于与人交流，富有自觉心和同理心。比如，自觉心就是中国人常说的'有自知之明'，对自己的素质、潜能、特长、缺陷、经验等有一个清醒的认识，对自己在社会工作生活中可能扮演的角色有一个明确的定位。而同理心，就是将心比心。"

"这个世界上没有绝对'完美'的人才！"在上面所说的李开复的演讲中，李开复举了比尔·盖茨的例子。"……比尔·盖茨就是一个非常谦虚的人。很多年前，在 Windows 还不存在时，他去请一位软件高手加盟微软，那位高手一直不予理睬。最后禁不住比尔•盖茨的‘死缠烂打’同意见上一面，但一见面，就劈头盖脸地讥笑说：‘我从没见过比微软做得更烂的作业系统。’比尔•盖茨没有丝毫的恼怒，反而诚恳地说：‘正是因为我们做得不好，才请您加盟。’那位高手愣住了。盖茨的谦虚把高手拉进了微软的阵营，这位高手成为了 Windows 的负责人，终于开发出了世界最普遍的电脑作业系统。”

李开复认为，对于增强情商不妨去学习一下“第五级领袖”的那些特征。

“第五级领袖的特征是谦虚、勇敢、执著。他们不自我膨胀、不吹嘘自己、不霸占大权，而总是以公司为重，放权给能干的人。“史蒂夫•鲍尔默，微软的 CEO，是近年来对我影响最深的人。几年前的鲍尔默就像个果断的老板，凡事喜欢一手抓，而且，总是在最前台鼓舞士气。做了 CEO 后，他放权给公司七大部门的负责人，不再做每件大事的最后决定人，而更支持七个部门负责人的成长。他不再做一个最有煽动力的拉拉队员，而是一个幕后的教练。他把自己对竞争对手的研究转换成对人才的研究。鲍尔默的行为对我很有启发。在我对任何要求回答‘我做不到’之前，我总会想到鲍尔默可以做到，我为什么不试试？他这个榜样帮助了我的成长。”

智商与情商的高低就同人身上的优缺点一样，也能受到人们自身的控制，而一些名人与普通人的差别，就在于他们发现了自己的缺点，利用了自己的优点。

7 情绪指数，运用正确

一个人经常情绪低落，并不是因为这个人生来就是一个情绪指数低的人，主要原因在于他对很多事情的期望过高。

一个人的情绪如何会对自身的身体健康产生直接的影响？心理学家经过研究得出结论：

$$\text{情绪指数} = \frac{\text{期望实现值}}{\text{内心期待值}}$$

当期望实现值超过内心期待值的时候，情绪指数就大于1，由于内心欲望得到满足，人们的情绪就呈现兴奋状态。情绪指数越大，人们的情绪越兴奋；相反，当情绪指数小于1，期望实现值比内心期待值小的时候，由于内心欲望没有得到满足，人们的情绪就会出现压抑状态，表现出不高兴。

人的情绪指数反映的是一个人在某种条件下的情绪状况，它并不是一个常数。当条件变化了，情绪指数也会变化的。

我们在运用情绪指数时，可以通过适度地调整期望值和提高实现值，达到保持心理平衡、稳定情绪、增进健康的目的。比如在男女择偶、升学、就业、升职及处理同事关系、夫妻关系时，都应合理运用这个公式，免除不切实际的期望带来的苦恼，让快乐常驻你的身边。

下面的故事就是一个典型例子。

芳芳下班回家，推开房门，发现丈夫冬冬正坐在沙发上抽烟。“咦，他怎么又抽烟了？昨天不是高高兴兴地决定今天戒烟吗？”

于是，芳芳悄悄地走到冬冬背后，一把夺下他手中还剩下的大半支烟。芳芳抿着嘴，期待着冬冬的道歉。

想不到今天的冬冬一副不高兴的神态：“你怎么像贼一样，没有一点动静，把我吓了一大跳！”

“谁叫你不守信用。”芳芳笑着说。

“什么信用不信用，抽几支烟也要管！”冬冬一把夺回那半支烟。

“怎么啦，你今天说话怎么这么冲？”

“谁叫你来烦我，离我远点！”

芳芳今天心情还算不错，见丈夫不高兴也就走开了。要是她今天心情不好，说不定会发生一场“战争”呢。

为什么冬冬今天一反常态呢？原来，昨天冬冬因质量检查把关严而在公司里受到了嘉奖，心里非常得意。芳芳见他高兴也就旧事重提，要他戒烟。冬冬倒也爽快，一口答应了芳芳的要求。可是今天上班，他却受了窝囊气。工厂里几个工人见到返修的零件，到检验组找冬冬吵了一架。临走时还说冬冬欺负了别人，让自己获利。听了这些闲话，冬冬心里非常生气，回到家里就闷闷不乐地抽起烟来。

冬冬昨天受嘉奖，是因为原先并没有想到，所以显得特别高兴；今天受讽刺，也出乎意料，因此平添烦恼。

从中我们可以看出，冬冬今天的情绪指数很低，从他这方面来说，争吵是最容易发生的。但由于芳芳善于“察言观色”，见冬冬不高兴，就和他脱离接触，后来又设法使他高兴起来。所以小两口又恢复了亲密关系，冬冬还重新表示要信守诺言呢！

那么，在现实生活中，情绪指数如何具体应用呢？

1. **确定合理的期望值。**做任何事情之前，一定要确定合理的期望值。也就是说，这个期望值应当是经过努力可以实现的。

2. **注意运用“层次期望”。**所谓“层次期望”，就是把期望分成若干层次。一般分为基本期望和争取期望，这比只有一种期望值更灵活。在具体做法上，要有先有后。如“从最坏处准备，向最好处努力”，也同样包含了“层次期望”的道理。

3. **努力寻找心理上的“合理化”。**所谓“合理化”，就是寻找影响情绪的“合理”原因，以补偿和减轻心理上的损伤。比如某人丢了钱，心情很郁闷，这时你劝他：“就算你晚一年加薪吧。再说，丢了钱相当于买个教训，以后注意就行了。”这样，丢钱的人就会从不愉快中解脱出来。当然，不是任何事情都能“合理化”的。“合理化”有利于调整情绪，激发起人们乐观向上的精神，调动人的积极性。

4. **学会缩小双方的情绪差距。**这种方法习惯上也叫作“冷处理”。具体方法是：在双方情绪指数差距较大时，指数高的要让低的，心情好的要让心情不好的；在双方情绪指数都低时，要注意寻找能提高双方情绪指数的事情，以增加共同语言；如果双方的情绪比较对立，则暂时脱离接触为宜，等一方或双方冷静下来，自我克制能力提高以后再解决。

5. **学会硬着头皮听气话。**所谓“气话能消气”，就是气话说过之后，情绪就可能慢慢好起来，这也是心理上的一种平衡。所以，与其压抑，不如诱发，使其一吐为快，然后再化解矛盾。然而，要做到这一点，首先自身的情绪应该是好的，这样才能感染别人。

8 健康情绪，标准分明

健康的情绪是健全人格的必要条件之一。

情绪是由适当的原因引起的：欢乐的情绪是由可喜的现象引起的；悲哀的情绪是由不愉快事件或不幸的事情引起的；愤怒是由挫折引起的。特定的事物引起相应的情绪是情绪健康的表现之一。如果一个人受到挫折反而高兴，或受人尊敬反而愤怒，则是情绪不健康的表现。那么，怎样的情绪才属于健康的情绪呢？其标准主要有以下三点：

第一，情绪的目的性明确、表达方式恰当。情绪健康的人能通过语言、仪表和行为准确地表达自我的情绪，能够采用被自己和社会所接受的方式去表达或宣泄自己的感觉。

第二，情绪反应适时、适度。情绪健康的人的情绪反应，不论是积极的还是消极的，都是由一定的原因引起的。情绪反应的适度与引起该情绪的情境相符合，情绪反应的时间与反应的强度相适应。

第三，积极情绪多于消极情绪。我们并不否认消极情绪存在的合理性和意义，但情绪健康者必是积极情绪多于消极情绪，而且所出现的消极情绪时间短、程度轻。

一个人的情绪是否健康，如果缺乏客观标准，自己很难知道。根据上述特点，你不妨做一番自我诊断。一旦发现自己情绪有不正常的表现，就应当迅速地加以调整，以促进身心健康发展。

日常生活中，我们怎样才能克服消极的、不良的情绪呢？

1. 学会忍耐。当我们遇到困难、不幸，遇到令人不愉快和使人生气的事情时，自觉地克制自己，忍受内心的痛苦和不快，不发表激动的言辞，不做出冲动的行为，这样可以防止过激的行动。

2. 适时发泄。如果不能用行动消除不良情绪，你可以改用语言来宣泄自己的情感。在私下与知心朋友发泄心中情绪，采取的形式可以是用言辞抨击、抱怨恼怒的对象，或是尽情地诉说自己所认为的不平和委屈等。需要注意的是，有不良情绪的人，欲采取发泄法来克服时，必须增强自制力，不要随便发泄不满或者不愉快的情绪。要采取正确的方式，选择适当的场合和对象。

3. 转移注意力。转移注意力有控制不良情绪的作用。心理学认为，在发生情绪反应时，大脑中心有一个较强的兴奋中枢，此时如果另外建立一个或几个新兴奋中枢，便可抵消或冲淡原来的情绪。因此，当自己生气时，有意识地做点别的事情来分散注意力，或能使情绪得到缓解。如下棋、打球、看电影、散步等正当而有意义的活动，都可以缓解紧张的情绪。

4. 自我安慰。当自己受到挫折或无法实现目标时，为了避免精神上的痛苦或不安，可以找出一种合乎内心需要的理由来说明或辩解。如为失败找一个理由，用以安慰自己，或寻找理由强调自己的行为都是好的，以此冲淡内心的不安与痛苦。但这种做法只能作为缓解情绪的权宜之计，不可长期使用。

5. 学会幽默。幽默是一种特殊的情绪表现，也是人们适应环境的工具。具有幽默感的人，生活充满风趣。很多看来令人痛苦、烦恼的事情，用幽默的态度去应对，往往能使人变得轻松起来。

第二章　人生苦乐，自己把握

漫漫人生路，有苦有乐，有酸也有甜。世界上最永恒的幸福就是平凡，人生中最长久的拥有就是珍惜。苦乐人生，苦也是人生，乐也是人生。苦中有乐，苦中求乐，乐不痴迷，乐不忘忧，人生自然就有滋有味，苦亦乐矣。

1 保持淡然，舒缓心境

淡然不是冷漠，也不是消极处世，对事物不闻不问。它是阅尽沧桑后的醒悟，是了然于胸的大度，是“不以物喜，不以己悲”的超脱，是坦然面对一切的平静。

什么是淡然？很简单，淡然就是一种“不以物喜，不以己悲”的心态，凡事都以一颗平常心看待。即无论面对失败还是成功，都要保持一种恒定淡然的心态，既不因一时的成功而骄傲自满，也不因一时的失败而妄自菲薄。大发明家托马斯·爱迪生就是一个典范。

1914 年，爱迪生的实验室发生了一场大火，损失超过 200 万美元，爱迪生一生的许多成果在大火中化为灰烬。

在火势最大的时候，爱迪生的儿子查尔斯在浓烟和废墟中发疯似的寻找他的父亲。这时的爱迪生平静地看着大火，他的脸在火光摇曳中闪亮，他的白发在寒风中飘动着。

“查尔斯，你快去把你母亲找来，她这辈子恐怕再也见不到这样的场面了。”

第二天早上，爱迪生看着一片废墟说：“灾难自有它的价值，瞧，我们以前所有的错误、过失都给大火烧了个一干二净，感谢上帝，这下我们又可以从头再来了。”

火灾过去不久，爱迪生发明的第一部留声机就问世了。

任何人遇上灾难，情绪都会受到影响，这时一定要坦然面对。面对无法改变的不幸或无能为力的事情，应该抬起头来对天大喊：

“这没有什么了不起的，它不可能打败我！”或者耸耸肩默默地告诉自己：“忘掉它吧，这一切都会过去！”

可以说，淡然是一种参透事物的泰然和大彻大悟的智慧，是一种超然的觉悟。

淡然不是冷淡，不是与世隔绝，不是众人皆醉我独醒的狂放。淡然是一种处世的心态，是积极面对人生、坦然面对生活的态度。淡然的人不会偏执于一事一物、一时一利的得失。淡然处世，要有宽广的眼界、博大的胸怀，可以包容他人，同时也包容自己。

心态淡然的人有一颗平常心，可以平静地看待所遇到的人和事。而要有一颗平常心，则必须经过生活的磨砺，参透事物发展的规律，静能生悟，水止而能照物。只有参透了事物的发展规律，不再为一些小事而耿耿于怀，练就一颗豁达的心，才有可能让自己的心态平和、平静下来。

清代名臣曾国藩曾给弟弟写过一封这样的信：“左列钟铭右谤书，人间随处有乘除。低头一拜屠羊说，万事浮云过太虚。”说有一个宰羊的屠夫，他曾帮助楚昭王收复失去的天下，但楚昭王后来再请他做官时，他却谢绝了。他说，大王丢了领土时，我也丢了工作，现在大王重登宝座，我又操起宰羊刀，一切恢复到过去就很好。

曾国藩借用这一典故告诉弟弟，世间的事本来就和天平一样，这头高了，那头就低了，既不应有了功就忘乎所以，也不能被骂了就垂头丧气。只要效法屠羊者的乐观豁达，把一切看开，荣誉也好，诽谤也罢，都不过是浮云，一会儿就被风吹散，成为往事。

可见，保持平静淡然的心能够让我们有所发现，保持淡然才能像镜子一样反照万物，静观自得。倘若波涛汹涌，又岂能把美景映在水面？烦恼从何而生，原因就在于我们的心太不平静了，在我们的心里也许是杂念纷飞的。当烦恼丛生、思绪飘忽不定的时候，怎么会感到内心的快乐呢？你如果拥有一颗淡然的心灵，就可以比较超脱地看待一切，就能够平心静气地享受生活。

自然是最好的老师，会教会我们很多东西，闲来寄情山水间，感受水流境静、花落意闲，自然一定会给你一份恬淡安然的好心境。

2 正视困难，乐观面对

面对困难，我们一定要有乐观向上的态度，一定要满怀无限的希望，因为这是精神力量的来源。

也许每个人都告诉过自己，要快快乐乐地过好每一天。然而，许许多多的挫折总是在我们心底留下大大小小的伤痕。在旧伤隐隐作痛的时候，人们往往会觉得太阳也失去了光彩，生活到底有什么意义呢？在阳光灿烂的日子里，生活留给人们的却是悲观。当你被悲观的情绪控制的时候，你也许会愤怒，会质问："我做错了什么？难道我做的每一件事都没有价值吗？为什么别人看上去总是比我快乐呢？"

悲观的人知道应该怎样做才是理想的方式。然而现实给予了悲观的人最沉重的一击：现实往往不是依照人的期望发展的。当事情完全违背他们期望的时候，他们会因为“生活欺骗了他们”而万分沮丧。当他们明知“应该怎样做”但却完全不能够这样做的时候，又会在自我矛盾中煎熬，种种的悲观情绪使得他们完全被剥夺了享受快乐和适当的宽恕的权利。他们因此而自怨自艾甚至自我憎恶，悲观这时候牢牢地抓住了他们。

某保险公司雇用了100名在考试中落败而在思想乐观上得高分的营业员。这些人在过去根本不可能被雇用，这次却出乎意料被录取，且推销成绩比考试成功但思想悲观的营业员高出10%。他们是凭什么做到这一点的呢?

按照心理学家的说法，乐观者成功的秘诀，在于他们的调适方式。当事情出了差错时，悲观者倾向于责备自己：“我不善于做这个。”“我总是失败。”而乐观者则去找出错误的原因。若事情很顺利，乐观者就归功于自己，而悲观者却把成功视为运气。

在人生路上，遇到了失败，我们不但要“碰上鼻子就转弯”，而且更应该把它作为一生的转折点，选择新的目标或探求新的方法，把失败作为成功的新起点。

有两个女孩，其中一个叫珍妮，是美国人；另一个叫南茜，是英国人。她们聪明、美丽，但都是残障人士。

珍妮出生时双腿没有腓骨。一岁时，她的父母做出了充满勇气但备受争议的决定：截去珍妮膝盖以下的部位。于是珍妮一直在父母的怀抱和轮椅上生活。后来，她装上了义肢，凭着惊人的毅力，她现在能跑，能跳舞和滑冰。她经常在女子学校和残疾人会议上演讲，还做模特，频频成为时装杂志的封面女郎。

与珍妮不同的是，南茜并非天生残疾，她曾参加英国《每日镜报》的“梦幻女郎”选美，一举夺冠。1990年她赴南斯拉夫旅游，决定侨居异国。在当地内战期间，她帮助设立难民营，并用做模特赚来的钱设立希茜基金，帮助因战争致残的儿童和孤儿。1993 年 8 月，她在伦敦不幸被一辆警车撞倒，造成肋骨断裂，还失去了左腿。但她没有被不幸击垮。她很快就从痛苦中恢复过来，康复后她比以前更加积极地奔走于车臣、柬埔寨，像戴安娜王妃一样呼吁“禁雷”，为残障人士争取权益。

也许是一种缘分，珍妮和南茜在一次会见国际著名义肢专家时相识。她们一见如故，现在情同姐妹。虽然肢体不全，但她们都不觉得这是人生的一大憾事，反而觉得这种奇特的人生体验，给了她们更加坚韧的意志和生命力。她们现在使用着义肢，行动自如。只有在坐飞机经过海关检测，金属腿引发警报器铃声大作时，才会显出两人的腿与众不同。

只要不掀开遮盖着膝盖的裙子，几乎没有人能看出两人套着义肢。她们常受到人们的赞叹：“你的腿形长得真美，看这曲线，看这脚踝，看这脚指甲涂得多鲜红！”

珍妮说：“我虽然截去双腿，但我和世界上任何女性没有什么不同。我喜欢打扮，希望自己更有女人味。”

这对姐妹几乎忘了自己的肢体障碍。她们没有时间去自怨自艾，人生在她们眼里仍然是美好的，她们在人们眼中也是美好的。有异性在追求她们，她们和其他肢体健全的女士一样，也有着自己的爱情。乐观地面对生命的一切，永远积极地生活，这就是珍妮与南茜的做事原则和人生态度。

如果这个故事还不能让你完全战胜悲观，你可以采取下面几个行之有效的方法：

1. **改善情绪。**情绪不佳时人生态度往往较为消极，而一旦心境得到了改善，一个人对自己整个人生的态度也会同时改善。

2. 改变角度看问题。面对困局，如能把它视为成功之母，那么心中的阴影也就不那么浓重了。

3. 放松表情。悲观者的面部表情常常是呆板甚至是沮丧的，殊不知脸部肌肉也总在与大脑做交流。实际上，轻松的表情反过来会刺激我们的大脑以更积极、更愉快的方式进行思考。

4. 学会表现幽默。悲观者往往不善幽默，不妨多看看喜剧、小品，学会欣赏幽默，到自己也能时不时幽默一下时，消极的人生态度可能已出现了转机。

5. 多与乐观者交往。这不仅是因为乐观情绪是可以“传染”的，而且还因为乐观的人生态度也是会相互影响的。遗憾的是，悲观者一般都倾向于与悲观者相处，而实际上当悲观者与乐观者交往时，同样也是可以找到共同语言的。

对于现代人来说，面对困难，不仅要有乐观向上的品格，还要勇于奋斗。我们每一个人都会有困难的经历，它就像一块人生的试金石，考验着我们的精神、意志。在困境中，我们只要拥有乐观向上的品格和不屈不挠的精神，就一定能锻炼自己，走出困境。

3 逃避现实，于事无补

不管对待什么事情，逃避都是错误的，根本解决不了问题。要勇于去面对现实，只有面对才能有解决的机会。

生活中总有这样一些人，遇到不开心的事就选择逃避，可结果呢？

小李大学一毕业就进入一家公司，可是还没有到半个月，她就有点受不了了。一天下班后，小李对自己的朋友小郑说："我实在不想做了，我想辞职！"

"为什么？你不是做得好好的吗？"小郑感到有些奇怪。

"唉！"小李在叹了一口气之后，说出了想辞职的原因。

原来，自从小李进了这家公司之后，她尽自己最大的能力想将自己的每一项工作都做好。可惜的是，天不从人愿。无论她怎样努力，她经手处理的工作，依然存在着不少问题，她也经常受到上司的责备，因此她认为自己可能不适合现在的工作。

听完了小李的话，小郑的眉头不由得皱了皱，问道："那么，你辞职之后，准备怎么办？"

"有什么办法，再找一份新工作。"

"难道说，新的工作之中便不会出现类似的问题吗？一旦出现类似的问题呢？你是否又辞掉工作，接着去找新的工作？"

小李沉默了，再也没有言语。

是啊，我们每个人在生活的道路上都会遇到这样那样的问题，难道遇到一个问题我们就选择逃避吗？逃避了这个问题，可还会有其他问题出现！

对于小李来说，逃避并不能解决问题，她需要调整好自己，展现自己的才华，努力接受新概念、新事物，让机会来到自己身边。

现实生活中，不仅很多年轻人遇到一些问题会选择逃避，有些中年人面对困难、面对压力时也会选择逃避。为什么会这样呢？这是因为，很多中年人上有老下有小，如果还有房贷、车贷的话，情况就更糟糕。

陈先生今年40岁，在一家广告公司担任销售部主管，他结婚后身体状况一直很好，只是工作压力比较大。

由于他每年夏天都会带家人到乡间度假，因此对那种与世无争的田园生活格外羡慕，尤其是当他快被老板逼疯的时候。他曾认真地跟他的老婆商量，能否改变目前这种紧张的生活状态。在获得支持后，他真的放弃了高薪工作，跑到乡下当农夫。在人迹罕至的地方，他买下了一块花圃，准备从头开始学起。

可结果却并不如想象中的那样好。刚开始几个月，他这个新晋花农还做得有模有样，但是好景不长，才经历第一个寒冬后他就发觉，那里真不是人住的地方。那里景象荒凉，而他的老婆根本不可能和那里的乡下人打成一片，小孩每天也得换好几趟车才能到学校。

陈先生知道打错了算盘，只是没料到结局会这么惨。当主管确实很累，不过当农夫也轻松不到哪里去，搞不好还更累。他和老婆向来都是喜爱社交活动的人，如今要找邻居聊天还得跑到几公里外的地方。在那个偏僻的乡村，也不可能有什么电影院、KTV之类的娱乐场所，有的只是睡觉，因为他每天都快累死了。

在苦撑了一年之后，他们乖乖地搬回城里，他自称“老了10岁”。改行不但没有发财，反而连老本都赔了。更可笑的是，他当了20多年的上班族都没事，在乡下“窝”了一年后却累出一身病来，这真是他始料未及之事。

当困难、压力来临时，我们必须要有处理的方法和技巧，而不能逃避。不管什么问题，遇上时不加分析就处理，这不利于问题的解决。

如果你想成为遇事不逃避的人，你需要记住以下几点：

1. 你可以为自己做对了某件事而感到了不起。只要你以成败为衡量标准，总可以把做成某件事看作自我价值的提高，并因此感到骄傲。

2. 努力选择并尝试一些新事物，即使你仍留恋着熟悉的事物。尽力结识更多的新朋友，多置身于一些新的环境，尝试一些新的工作，邀请一些观点不同、性格不一的人到家里来做客。多和你不大熟悉的客人交谈，少和你熟悉的朋友交谈，因为你对他们太了解了。

3. 不要再费心去为你做的每一件事找借口。当别人问你为什么要这样做或那样做时，你并不一定要说出可信的理由，以使别人满意。实际上，你决定做任何事情的理由都很简单——因为你想这样做。

4. 试着冒点风险，改变日复一日的单调生活。如上班时不一定非得乘坐同一种交通工具，每天早餐不一定总是要吃同样的食物等。

5. 试着去做一直以“我做不好”为借口而回避的事情。你可以用一个下午来绘画，让自己充分享受。即使你画出的画不是很好，你也没有失败，因为你至少高高兴兴地度过了一个下午。你可以在家里尽情地唱歌，尽管你唱得不好。

6. 接触那些使你惧怕未知的人。主动和他们谈话，向他们明确表示，你打算尝试新的事物，看看他们反应如何。你会发现，他们的怀疑态度是你担忧的因素之一，因而你总是在这些否定态度面前陷入惰性。既然现在你可以正视这种态度，那么你便可以发表你的“独立宣言”，摆脱他们的控制。

4 积极自救，方有出路

当你的生命受到病痛折磨或深陷困境时，自己才是最可靠的救星。要鼓起勇气战胜病魔，克服困境，这样，最后的幸福一定属于那个积极自救的你！

你要知道，在这个世界上没有人能真正救助你，只有自己才能救助自己，除非你不想自救。

你有时候会觉得外部的帮助是一种幸运，但是，从不利的方面看，外部的帮助反而会让自己陷入困境。给你钱的人并不一定是你最好的朋友，真正的朋友是那些鞭策你，迫使你自立、自助的人。

有这样一个故事：

有个人在屋檐下躲雨，看见一个和尚正撑伞走过。这人说："大师，普度一下众生吧，带我一段如何？"和尚说："我在雨里，你在檐下，而檐下无雨，你不需要我度。"这人立刻跳出檐下，站在雨中："现在我也在雨中了，该度我了吧？"和尚说："我也在雨中，你也在雨中，我不被淋，因为有伞；你被雨淋，因为无伞。所以不是我自己度自己，而是伞度我，你要被度，不必找我，请自找伞！"说完便走了。

只有当一个人感到所有外部的帮助都已被切断之后，他才会尽最大的努力，以最坚忍不拔的毅力去奋斗。因为救助自己的只能是他自己的努力，他必须自力更生，否则就要蒙受失败之辱，甚或死亡。

我们遭受苦难的时候也需要自救。

有一位女士，遇上一点不顺心的事情就胡思乱想，给自己制造烦恼。舞会上男士没有邀她跳舞，她心里烦恼；年终考核成绩不好，她也心里烦恼；碰上某个主管没有向她打招呼，她继续烦恼……烦恼一来，她就会好几天精神不安。

当她察觉到烦恼给自己带来高血压、心脏病时，后悔不已。她想克制自己，但烦恼一来，又无法克制。

后来在心理医生的建议下，她每天写 20 分钟日记。心理医生还告诉她，这个日记是写给自己的，既要写出正面的事，也要写出负面的事。这样就可以把消极情绪从心里驱走，留在日记里。

从那以后，这位女同事坚持记日记，通过记日记宣泄自己的烦恼，遇上爱猜忌的事，便在日记里说服自己。她曾在一篇日记里写道：“今天我在楼梯上向 ×× 打招呼，可是他阴沉着脸，皱着眉头，理都没理我。我想他的态度冷漠不是冲着我来的，八成是家里出了什么事，要不然就是挨了主管的骂。”在日记里这么一写，她心里的烦恼一下子就烟消云散了。

她还在另一篇日记里提醒自己：“我翻阅上月的日记，发觉那时的烦恼现在已完全消逝了，这说明时间可以解决许多问题，也包括烦恼在内。如果以后我有了新的烦恼，就要不断地提醒自己，现在何必为它烦心，我为何不采取一个月后的忘却状态来面对当下的烦恼？！”

生活中有各种令人烦恼的事困扰着我们，但我们不能一味地被烦恼所侵袭，应该学会尽力摆脱烦恼，积极自救，尤其不能自寻烦恼，否则只会让自己心绪不安、心情沮丧。

公司要裁员，内勤部门的小晴与小文被要求一个月后离职。那天，大家看她俩都小心翼翼，更不敢和她们多说一句话。她俩的眼圈都红红的——这种事不管谁遇上都难受。

第二天上班，小文的情绪仍很激动，有同事想劝她几句，她都怒气冲冲的，像吃了一肚子火药似的，谁跟她说话就向谁开火。小文心里委屈得很，只好向杯子、资料夹、抽屉发泄。砰砰……咚咚……大家的心被她提上来又摔下去，空气都快凝固了。但人之将走，其行也哀，大家也就忍着，不再说什么。

小文的情绪一直都糟糕极了。原先她负责为办公室员工订便当、传递文件、收发信件的工作，现在也懒得去处理了。同事看她一副愁容满面的样子，也就不再给她分配工作。她也变得异常敏感，每当别的同事小声说些什么，她就怀疑他们在背后嘲笑她。她每天用异样的目光在每个人脸上扫来扫去，仿佛有谁在背后搞鬼。许多同事开始怕她，都躲着她，大家都有点讨厌她了。

裁员名单公布后，小晴哭了一个晚上，第二天上班也无精打采，可一打开计算机、拉开键盘，她就把工作以外的事都抛开了，和以往一样勤恳工作。小晴见大家不好意思再吩咐她做什么，便特地跟大家打招呼，主动揽工作。她说："是福跑不了，是祸躲不过，反正都这样了，不如做好最后一个月，以后想做恐怕都没机会了。"小晴仍然勤奋地打字复印，随叫随到，坚守在她的岗位上。

一个月满，小文如期离职，而小晴的名字却被公司从裁员名单中移除，留了下来。主任当众传达了老总的话："小晴的工作谁也无法替代，小晴这样的员工，公司永远不会嫌多！"

小文和小晴面对同一事情采取了两种不同的态度，结果采取积极态度的小晴留了下来。可以说，小晴自己救了自己。

在遇到困难时，我们还可以提前预备好应对危机的办法。也就是说，要把自己的心得体会及独特的解决方法简要地总结出来，并牢记心头。小时候用过的背单词的小卡片也能大显身手，或者写到随身携带的记事本上，在那一页贴一张小便条可以随时翻看。比如说，遇到大事就紧张的人，可以记下“深呼吸”“紧握无名指与小指”等放松方法。

如果你经常为错过发言的大好时机而懊悔，那就尝试携带一张写有“大胆说出自己的意见”的纸；针对没有自信的缺点就应该带一张写有“没关系”的纸，当再遇到这种情况的时候就可以拿出来鼓励自己。

在采取措施之前，你要仔细想好哪些话是对自己有效果的，或许是呼吸法，或许是通过放松调节心情，也可能是得益于为自己打气的语言。总之，这些方法都是因人而异的。

总而言之，最重要的是找到适合自己的方法并掌握它，反复地运用。写到卡片上随身携带也是方法之一，通过体育锻炼也好，注意饮食睡眠也好，或者是放松调节心情，只要是有效的方法就牢记于心，必要的时候都可以派上大用场。

5 杜绝贪欲，知足常乐

生命之舟载不动太多的物欲和虚荣，要想在抵达彼岸前不在中途搁浅或沉没，就必须轻载，只取需要的东西，把那些应该放下的果断地放下。

活在大千世界，每个人都有自己的欲望。人有欲望这无可厚非，有的人的欲望是客观的、有节制的，这样的欲望会是一种目标、一股动力，它可以使人具有方向性。

在美国，有一位穷困潦倒的年轻人，他在即使掏出所有的钱都不够买一件像样的西服的时候，仍全心全意地坚持着心中的梦想，他想当演员，拍电影，当明星。

熟悉他的人都嘲笑他不知道天高地厚，癞蛤蟆想吃天鹅肉。但是他根本不理睬其他人怎么看他。

当时，好莱坞共有 500 家电影公司，他逐一数过，并且不只一遍。后来，他又根据自己认真划定的路线与排列好的名单顺序，带着自己写好的为自己量身定做的剧本前去拜访。但是第一遍下来，500 家电影公司没有一家愿意用他。

面对百分之百的拒绝，这位年轻人没有灰心，从最后一家被拒绝的电影公司出来之后，他又从第一家开始，继续他的第二轮拜访与自我推荐。

在第二轮的拜访中，500 家电影公司依然拒绝了他。

第三轮的拜访结果仍与第二轮相同。这位年轻人咬牙开始他的第四轮拜访，当拜访完第 349 家后，第 350 家电影公司的老板破天荒地答应愿意让他留下剧本先看一看。

几天后，年轻人获得通知，请他前去详细商谈。

就在这次商谈中，这家公司决定投资开拍这部电影，并请这位年轻人担任自己所写剧本中的男主角。

这部电影名叫《洛齐》。而这位年轻人的名字是西尔维斯特·史泰龙。

史泰龙如果没有当演员的欲望，没有成功的欲望，是不会在受到众多打击之后还那样苦苦坚持的。

对于现代人来说，更多人的欲望是主观的、无限制的，甚至连自己也说不清楚需要多少才能得到满足。这样的欲望则会给自己增加压力。超负荷的欲望会阻挡人前进的脚步，有的甚至会将其引向歧路。

“人心不足蛇吞象。”欲望太多、太重，会让负重的人为此跌倒。人有七情六欲，这本属正常，可是六欲不能太重，七情亦不能太多。

从前，有一个穷人到森林里砍柴。他拿起斧头正准备砍一棵树，突然从树上跑下一只松鼠。松鼠对穷人说：“你为什么要砍倒这棵树呀？”

“家里太穷了，没有柴烧。”

“你现在就回家去吧，明天你家里会有许多柴的。”说完，松鼠就跑了。

穷人回到家后，对他的妻子说：“睡觉吧，明天家里会有许多柴的。”第二天，妻子起床出门，发现院子里真的有了一大堆柴，就叫丈夫：“快来看，快来看，谁在我们家院子里堆了这么一大堆柴？”

穷人把遇到松鼠的经过告诉了妻子，妻子说：“柴是有了，可是我们却没有吃的。你去找松鼠，让它给我们一点吃的。”

穷人又回到森林里的那棵树下。这时，松鼠又跑来了，它问：“你想要什么呀？”

穷人回答说：“我的妻子让我对你说，我们家没有吃的了。”

“回去吧，明天你们会有许多吃的东西。”松鼠说完又走了。

穷人回到家，对妻子说：“放心吧，明天家里会有许多食物的。”

第二天，他们果真发现家里有了许多肉、鱼、甜点、水果、葡萄酒等。

他们饱餐了一顿后，妻子对穷人说："快去找松鼠，让它送我们一间商店，商店里要有许许多多的东西，这样往后我们的日子就舒服了。"

穷人又来到了森林里的那棵树下。松鼠跑来问他："你还想要什么？"

"我的妻子让我来找你，她请你送给我们一间商店，商店里的东西要应有尽有。她说，这样我们就可以舒舒服服地过日子了。"

松鼠说："回去吧，明天你们会有一间商店的。"

穷人回到家把经过告诉了妻子。

第二天他们醒来后，简直都不敢相信自己的眼睛了。家里到处都是好东西：布匹、纽扣、锅、戒指、镜子……真是应有尽有。妻子仔细地整理了这些东西以后，又对丈夫说："再去找松鼠，让它把我变成王后，把你变成国王。"

穷人回到森林里，他找到了松鼠，对它说："我的妻子让我来找你，让你把她变成王后，把我变成国王。"

松鼠冷冷地看了一眼穷人，说："回去吧，明天早上你会变成国王，你的妻子会变成王后。"

穷人回到家，把松鼠的话告诉了妻子。第二天早上醒来，他们发现自己穿的是绫罗绸缎，吃的是山珍海味，周围还有一大帮侍臣奴仆。

可是，妻子仍不满足，她对穷人说："去，找松鼠去，让它把魔力给我，让它来宫殿，每天早上为我跳舞唱歌。"

穷人只好又去森林找松鼠，穷人说："松鼠，我的妻子想让你把魔力给她，她还要你每天早上去为她跳舞唱歌。"

松鼠愤怒地对他说："回去等着吧！"

穷人回到家，他们高兴地等待着。第二天起床后，他们发现自己家里什么也没有了，又回到从前一样，而且他发现自己和妻子都变成了丑陋的小矮人。

贪婪使穷人和他的妻子最后一无所有，而且还变成了小矮人。

贪婪是人性中的一个弱点，存在于每个人的内心。一般情况下，它处于沉睡状态，可是一旦社会环境发生变化，受病态文化的影响，贪婪就会被启动，让人形成自私、攫取、不满足的价值观、人生观。

欲望，是一种与生俱来的东西，人有活着的欲望，有吃饭穿衣居住的欲望。最基本的欲望得不到满足，当然是一种痛苦。但是，所有的欲望都得到了满足也未必是一种幸福。何况，人根本就不可能有所有的欲望都得到满足的时候，因为，欲望的尽头还是欲望。

俗话说，“知足常乐”，这才是正确的生活态度。对于什么事情，我们都要看淡，这样我们就会得到快乐。在平凡的生活中能体会快乐的人生，为什么我们还要去做金钱的奴隶呢?

6 勇担责任，不枉此生

没有责任的人生是空虚的，不敢承担责任的人生是脆弱的。只有勇于承担责任，才能得到别人的信任和尊重，获得生命的成就感和自豪感。

每个人来到这个世上都要有责任感，每个人也都必须履行责任、承担责任。不但要承担自身的责任，也要承担家庭和社会的责任。因为只有责任才能激发人的潜能，唤醒人的良知。

有这样两则小故事，它能告诉我们责任的重要性。

故事一：

相传在很久很久以前，有一种样子酷似乌鸦的鸟，它生活的习性与乌鸦非常相似。奇怪的是，乌鸦世代繁衍，至今仍然生活在地球上，可酷似乌鸦的那种鸟早已绝迹。

究竟是什么原因导致这样的结果呢？原来这种鸟对待生活以及抚养后代的态度和方式与乌鸦截然不同。我们知道，乌鸦成年后，勤奋持家，精心筑巢，全心全意地抚育后代，因而也就“鸦丁兴旺”。可这种酷似乌鸦的鸟却非常懒惰，没有一点责任感，经常寄居于别人的巢穴里。更让人不能理解的是，这种鸟作为父母不能履行自己的职责，把生出的蛋放在其他动物的巢穴中。久而久之，在优胜劣汰、适者生存的竞争环境中，它们渐渐就被淘汰了。

故事二：

一只老公鸡要死了，它告诉守在身边的孩子（一只小公鸡）：“孩子，我已经不行了，从今以后，每天早晨呼唤太阳的职责，要由你来承担了。”

小公鸡点点头，伤心地注视着慢慢闭上了眼睛的父亲。第二天清晨，小公鸡飞上高高的屋顶。脸朝东方，身体高高地挺立着。

“我必须设法发出最大的啼叫声。”它昂起头来，放开喉咙啼叫。但是，它发出来的却是一种缺乏力量的、时断时续的嘎嘎声。

这天太阳没有升起，天空乌云密布，毛毛细雨下个不停。农场上的所有动物都气坏了，跑来责怪小公鸡。

“真是倒霉透了！”猪叫道。“我们需要阳光！”羊也叫起来。“公鸡，你必须啼叫得更响亮一些！”公牛说，“太阳离我们那么遥远，你的叫声那么小，它能听得见吗？”

过了一天，小公鸡一大早就飞上谷仓的屋顶。它脸朝东方，深深地吸了一口气，接着伸长脖子，放开喉咙大声啼叫。它这次发出的啼鸣声非常洪亮，在雄鸡啼鸣史上是空前的。

“吵死人了！”猪说。“耳朵都要震破了！”羊叫道。“头都要炸了！”公牛说。

“对不起，但是我是在尽自己的职责。”小公鸡这样说。这时，它心里充满了自豪感。它看见了一轮红日正从丛林后面冉冉升起。

现实生活中也同样存在着“酷似乌鸦的鸟”和“小公鸡”这两种人：像“酷似乌鸦的鸟”的人碌碌无为、鼠目寸光、不思进取，没有一点责任感，最终会被社会淘汰；而像“小公鸡”这样勇担生命责任的人，最终会成为社会的栋梁。

成功从来不是唾手可得的。当生命的责任落在我们肩上，我们要鼓起勇气去承担。即使在最初还无法胜任，但只要我们有决心、有毅力，愿意为之付出努力，终有一日能承担起这份生命的责任，我们会为自己感到自豪。

在这个飞速发展的时代，任何人在任何时候都应该义不容辞地担负和履行自己的职责。

第三章　心理暗示，增强自制

人们为了追求成功和逃避痛苦，会不自觉地使用各种暗示的方法，比如面临困难时，人们会相互安慰，说“快过去了，快过去了”，从而减少忍耐的痛苦。人们在追求成功时，会设想目标实现时非常美好、激动人心的情景。这就对人构成一种暗示，它为人们提供动力，也能提高人的挫折耐受能力，有助于人们保持积极向上的精神状态。

1 心理暗示，源于内心

暗示是一种被主观意愿肯定的假设，不一定有根据，但由于主观上已经肯定了它的存在，心理上便竭力趋于肯定的结果。

什么是心理暗示？有一位年轻的先生患有严重失眠，治了很多年也没有痊愈。有一次，他偶然遇到一名年轻漂亮的女医生，这位女医生给他一片安眠药，说："试试吧。"那一夜，他终于沉沉睡去。在接下来的两年里，他每天从医生那里得到一片安眠药，然后酣睡一夜。终于，他变成了一个快乐、健康的人，不再需要医生给他安眠药——他需要她做自己的伴侣。

新婚的那天晚上，她告诉他，她两年来给他的所有安眠药，除了第一天的那一片药，其他的全是最普通不过的维生素。

整整两年里，她每天用手术刀把维生素上的文字削平，再刻上安眠药的字样。虽然她的手灵巧得足以缝合最细微的血管，但是把同一件事持续做 700 多次，这里面就包含了某种伟大。当她用欺骗成全了他的健康，这种伟大就变成了爱情。

这是一个很动人也很完美的爱情故事。当然，故事里除了爱情之外，还蕴含着心理暗示。维生素能产生和安眠药同等的作用，这得归功于心理暗示。

所谓的心理暗示，其实就是指人或环境以不明显的方式向人体发出某种信息，个体无意中受到外在的影响，并做出相应行动的心理现象。科学家告诉我们，人是唯一能接受暗示的动物。

美国心理学家做了这样的试验，他们对一所小学的某个班的学生说："你们都是天才型的人，将来大有前途。"而对另一个班的学生说："你们智力一般，将来只能从事一般工作。"本来这两个班的学生学业水平相等，但是一年后，两个班的差异就显示出来了。被暗示为天才型的学生个个发奋学习，学习成绩快速上升，而另外那个班的学生学习成绩却很快下降了。

心理暗示的力量是如此巨大，可以让一个人完全改变自己。下面这则事例更是告诉我们，在职场中，如何利用心理暗示挖掘自己的潜能。

郑薇在一家外商公司工作已经三年了，国际贸易系毕业的她，在公司的业绩表现一直平平。原因是她以前的上司李总是个非常傲慢和刻薄的人，她对郑薇的所有工作都不加以赞赏，还时常泼些冷水。

有一次，郑薇主动搜集了一些国外对公司出口的纺织品类别实行新的环保标准的信息，李总知道了，不但不赞赏她的主动工作，反而批评她不专心分内工作。后来郑薇再也不敢关注自己的业务范围之外的工作了。郑薇觉得，李总之所以不欣赏她，是因为自己不像其他同事一样会溜须拍马。得不到李总的青睐，她也就自然地在公司沉默寡言了。

后来，公司新调来的主管进出口工作的Sam，成了郑薇的新上司，有着新作风。从美国回来的Sam性格开朗，对同事经常赞赏有加，特别提倡大家畅所欲言，不拘泥于部门和职责限制。在他的带动下，郑薇也积极地发表自己的看法。

在新主管的积极鼓励下，郑薇的工作热情也越来越高了，她也不断学会了新技能：草拟合约、参与谈判、跟外商周旋……郑薇非常惊讶，原来自己还有这么多的潜能可以发掘，想不到以前那个沉默害羞的女孩，现在居然可以和外国客户为报价争论得面红耳赤。

其实，郑薇的变化，就是心理暗示起了作用。在不被重视和激励，甚至充满负面评价的暗示下，人往往会受到负面信息的左右，对自己做出比较低的评价；而在充满信任和赞赏的暗示下，人则容易受到启发和鼓励，往更好的方向努力，随着心态的改变，行动也越来越积极，最终做出更好的成绩。

从本质上说，心理暗示是一种条件反射的心理机制，会使人不自觉地按照一定的方式行动，或者下意识地接受一定的意见或信念。

当你打开电视，看到那些各式各样的广告、节目，里面有着奇装异服、名车豪宅，不知不觉你可能就产生了消费冲动；当你徘徊在街上，看见精美的包装，你自然会联想到里面的东西也价值不菲；当有人称赞你今天的气色特好，你可能一天都感觉很舒服；当别人对你品头论足，你可能一天都闷闷不乐……

暗示是人的心理活动的基本特征之一，也是人类认识世界的一种重要手段。世上没有对暗示完全免疫的人，只是对暗示的敏感度有差异。在同样条件下，女性比男性更易被暗示，儿童比成年人更易被暗示。就同一个人来说，当处于疲倦、催眠等状态时，也会比平时更容易受到暗示。

如果你能将心理暗示应用于生活，那么，你相信自己是幸运的，你就是幸运的；你相信自己能成功，你就能成功；你相信自己是个快乐的人，你就能够成为一个快乐的人。

2 积极暗示，受益一生

> 发展积极心态、走向成功的主要途径是：坚持在心理上进行积极的自我暗示，去做那些你想做而又怕做的事情，尤其要把羞于自我表现、惧于与人交际，改变为敢于自我表现、乐于与人交际。

“世界如此美妙，我却如此暴躁，这样不好，不好！”看过电视剧《武林外传》的人应该记得这段话，原本烦躁的情绪在说出这句话后就平复了。“我可以，我是最棒的！”“我们一定能成功！”，这些句子在员工培训时经常被使用，员工在工作和生活中努力践行，通过使用正向的语言激励来改变目标可能带来的焦虑、沮丧等消极情绪。

这些都是积极的心理暗示。在压力情境下，只要善于运用积极、肯定、明确的词语暗示自己，就能取得积极暗示的效果，改变自己的不良情绪。下面的故事就是一个很好的例子。

陈升由于家境贫寒，失去了继续上学的机会。好几年过去了，陈升已经习惯了，但是内心仍然渴望着命运的改变。由于没有一点好运的征兆，陈升的心里感到非常痛苦。

有一天，镇里来了两个算命先生，其中有一个是盲人。他们帮很多人算命，大家都说算得准。但陈升非常想知道自己将来会有什么前途，于是他就让这两个算命先生给他算算命运如何。

那个明眼人看了他的面相和手相，又看了看他的衣着和服饰，一脸严肃地对他说：“你的命相不好，这一生不会有什么大的前途。”

陈升不愿意接受这个命运，于是他又去找另一个算命先生。盲人算命是用心摸，他仔细地摸了陈升的脸和手相，以及肩、腿和脚趾头，然后对陈升说："你的骨相很正，将来一定有一个好的前程，不出三年你就会有出头之日。"虽然陈升不是很相信他的话，但这些话使他感到很高兴，他心里一直想摆脱现在的命运，盲人的话给了他希望。

两个算命先生算出了两种截然不同的命运：一个让陈升失望，一个给陈升希望。陈升选择了希望，因为人人都希望自己有个好的前途。

从此，陈升不再消沉，不再悲观，打工之余，陈升自学课程，三年之后，陈升拿到了大学文凭，也找到了一份体面而又待遇丰厚的工作，命运真的如那位盲人说的那样发生了变化。

很长一段时间，陈升不明白盲人为什么能算得那么准确，后来陈升在心理学中找到了答案。这实际上是一种心理暗示。

对于你来说，你总想着好的事物，你会发现事情真的越来越好；你总想着不好的事物，你会发现事情也越来越糟。

人们总是会希望怎么样，不希望怎么样。可为什么有的时候事情并不是向自己希望的方向发展？那是因为你在积极的思维下，也会或多或少地有一些消极的想法。例如，你会想事情应该怎么样，千万不要怎么样。这时当"不要怎么样"占据上风时，就会对你的思维产生一种消极的判断，把积极的因素变为了消极的因素。

举个例子，星期天，你本来约好和朋友出去玩，可是早晨起来往窗外一看，下雨了。这时如果你给自己一个积极的心理暗示："下雨了也好，今天在家里好好读读书，听听音乐。"这样你一天的情绪都会非常好。反过来，这时候，你也许想："糟糕！下雨天，哪儿也去不成了，闷在家里真没意思……”这样的思维模式会给你带来消极的思维循环，最终带来一些不利的影响。

当然，心理暗示不是成功的唯一要素，但绝对会对你的行为产生一定的影响。所以，多想一些积极的事物，多想一些美好的事物，你会离幸福快乐更近一些。

3 不良暗示，适时远离

不善调适者，长久走不出烦恼圈，极容易接受消极与虚妄的心理暗示；而善于调适心理的人，如同善于增减衣服以适应气候变化一样，能舒适地生存。

不良心理暗示对人的危害是很大的。

邻居老刘最近胃有些不舒服，便到医院做了个胃镜检查，检查结果显示“萎缩性胃炎”。老刘是一个受暗示性影响极重的人，受到医生“萎缩性胃炎有可能癌变”这种简单解释的心理暗示作用，老疑心自己的胃病会癌变。

而亲朋好友的不断关心，每次看病时医生对胃病患者要注意癌变先兆症状的一次次交代，以及老刘经常翻阅有关杂志后对号入座的想法，使他不断强化了“我的胃病会癌变”的心理。结果，胃病不见有任何好转，却使他平添了一身哀愁，整日忧心忡忡，憔悴不堪。

像这种因受不良暗示而“百病缠身”的情况，在病患中屡见不鲜。

有的病人吃了不少药，跑了多家医院，不仅原来的病没治好，反而又引发了其他的症状，这是为什么呢？其中很重要的原因是由于病人疑病心理和情绪紧张对机体产生了影响。由于人的大脑机能活动影响着机体的其他活动过程，紧张、焦急、忧伤等情绪变化通过自主神经的输出冲动或激素作用影响躯体功能，引起生理变化而致病。所以，躯体疾病也有其心理根源。

不良心理暗示还真是害人不浅，能让没病的人变成病人，让病轻的人变得病重，让聪明的人变得愚笨。

小刚妈妈告诉心理医生：“我在生小刚的时候不太顺利，医生不仅给他吸了氧，还告诉我孩子以后可能会出现智力问题。他今年9岁了，和一般的孩子不太一样。先天不足，脑子不正常，学习上有困难，成绩位于班上的后十名，我真担心他会有智力低下的问题。”她越说越激动，“我已经带他看了很多家医院，也做了很多检查，就是没查出什么毛病”。“他主要是脑子有问题，是我生他的时候落下的病根。”妈妈反复强调。

当医生将目光转向了小刚，小刚不假思索地说：“我脑子有问题，所以功课不好，我也很着急，不知怎么办好。”小刚妈妈又说：“每一次看病我都将他脑子受过伤的事情，还有影响功课的事情向医生说一遍。”

最后经医生测定，小刚智力水平正常，根本不存在智力低下的问题。之所以会出现成绩不好的问题，完全是由于妈妈不良心理暗示的结果。而妈妈又是接受了医生的“这孩子可能会出现智力问题”的不良心理暗示。种种不良的潜移默化的心理暗示，造成了小刚生活和学习上的种种问题。

心理研究表明，每个人在生活中总会接受这样或那样的心理暗示，这些暗示有的是积极的，有的则是消极的。而一些比较敏感、脆弱、独立性不强的人，就比较容易接受暗示。如果是长期的不良的心理暗示，就会对人的生活造成一定的影响，使情绪产生波动，严重的甚至会影响到健康。小刚就是由于长期的不良心理暗示导致学习困难的。而往往施加不良心理暗示的人恰恰是被暗示者身边最爱、最信任和最依赖的人，如母亲。如果长期对某人施加不良心理暗示，必然会影响到他的认知思维过程，使他形成不良的心理反应和行为模式。而对于缺乏辨别能力的儿童来讲，不良的心理反应更易于形成和固定下来，严重的甚至会影响到其一生的发展。

在某些极端的情况下，不良的心理暗示甚至能置人于死地。

美国一个电气工人，在一个周围布满高压电器设备的工作台上工作。他虽然采取了各种必要的安全措施来预防触电，但心里始终有一种恐惧，害怕遭到高压电击而送命。有一天他在工作台上碰到了一根电线，立即倒地而死，身上表现出触电致死者的一切症状：身体皱缩起来，皮肤变成了紫红色与紫蓝色。但是，验尸的时候却发现了一个惊人的事实：当那个不幸的工人触及电线的时候，电线中并没有电流通过——他是被自己害怕触电的自我暗示害死的。

以前，苏联也曾报道过类似的事例：

有一个人无意中被关进了冷藏车。第二天早上，人们打开冷藏车，发现他已被冻死在里面，身体呈现出冻死的状态。但是奇怪的是，这辆冷藏车的冷冻机并没有打开制冷功能，车中的温度同外面的温度差不多，这种温度是绝对不可能冻死人的。大概这位死者被关进冷藏车之后，就不断地担心自己要被冻死，这种意念对他的身心造成了影响，结果他就真被冻死了。

你一定要认识到不良心理暗示对人的危害，假如你因为不良的心理暗示而生了心病，请用积极的心理暗示进行自疗。正如人们越来越看重身体锻炼一样，我们要时时注意自身的心理锻炼，使自己拥有一个健康的心态，这和拥有一个健康的体魄一样重要。

4 巧用暗示，解决难题

你受到了周围环境的暗示，不知不觉也会产生与之相应的行为与心情。

在现实生活中，我们无时无刻不在接受着外界的暗示。

比如电视广告对购物心理的暗示作用，广告的影像、声音都具有强烈的暗示性。人们看电视时，都是东看看西看看，是一种无意的行为。在无意中，人们缺乏警觉性，这些广告信息会悄悄地进入人们的潜意识。这些信息反复重播，就在人的潜意识中积累下来。

当人们购物时，在潜意识中积累的这些广告信息就会左右你的购买倾向。比如，当你对两个品牌的东西拿不定主意买哪个时，多半会选择那些已经进入潜意识中的品牌。而当我们回到家，再回想当初的选择时，就会感到莫名其妙。这就是很多人经常会乱买东西的一个原因。

利用人们这种普遍的受暗示的心理特性，许多广告商都会提前为即将上市的商品做广告。因为他们知道，即使目前人们不会马上购买他的商品，但有一天需要的时候，这种暗示就会影响人的购买倾向。

在生活与工作中，我们如果能够利用暗示的这种积极的特性，就能解决情绪及生活方面的一些难题。

1. 解决拖延行为。拖延行为是指个体在面临一项必须完成的活动时，不能立刻、持久投入，而是从事与之无关的活动的一种行为现象。它在每个人的生活中都不同程度地存在着，在青少年身上表现尤为明显。

对拖延现象稍加深究，我们就会发现，大多数拖延行为都出于拖延者不着边际的幻想。由于对活动过度焦虑，产生消极情绪，将外部困难夸大，而意志力又相对薄弱，不足以克服困难，所以产生拖延行为。它是人们逃避现实的心理工具。从本质上来说是自我欺骗的把戏，是对自己的一种消极暗示。

如何巧用心理暗示解决这一问题？举例来说，如果你是一位家长，这时你要先让你的孩子了解拖延行为的本质是自欺欺人，而且有时候这种行为非常隐蔽，几乎没有人怀疑自己在欺骗自己。让你的孩子认知到自身拖延行为的存在和危害，知道要成功就要立即行动。指导孩子进行心理暗示，纵有千万条理由，心中也要默念“必须去做……”。

除此之外，你还要培养孩子的积极情绪，向他介绍转移、幽默、宣泄、升华、自制等调控情绪的方法，使他学会调控自己的消极情绪，从而逐渐地减少拖延行为。

2. 解决自卑心理。自卑，是个人对自己的不当的认识，是一种自己瞧不起自己的消极心理。自卑也是一种消极的暗示。常见的自卑行为有能力自卑和相貌自卑。

能力自卑的人否定自己的能力，总是认为自己技不如人，遇到事情唯唯诺诺，怕做不好，没有十足把握就不做。相貌自卑的人总认为自己某个地方长得不好看，有的人对自己的相貌十分挑剔，因为某个部位不好看而觉得无脸见人，为此，心中总升起一阵阵的惆怅……

一个人若被自卑控制，其精神生活将会受到严重的束缚。那么，我们如何利用积极的暗示让自己从自卑的束缚下解脱出来呢?

如果是因为相貌自卑，我们可以先确立良好的自我意向，对自己外貌不妨坦然地自我悦纳，即以积极、赞赏的态度来接受自己的外在形象，并设法消除各种附加的不良信息，不给自己找麻烦。只有在心理上承认和接受了自己的“自然条件”，才能进一步美化自己、喜欢自己，让自己散发出一种自信。

3. 解决肥胖问题。我们常常听到一些最后放弃了减肥计划的女性说：“我太懒了，不愿锻炼。”或者说：“我缺乏自制力，没法执行饮食控制计划。”这些消极的自我暗示给她们一种负面的心理影响。

积极的自我心理暗示是很有作用的，尤其对那些由于肥胖而自卑、不太合群的人。比如说，你是一个肥胖者，正在实施减肥计划，你不妨以肯定的语气对自己说：“我是一个苗条、健康、强壮、精力充沛的女人。”我们不说“希望我变成这样的人”，而是用肯定的话说出来，好像梦想已经实现。这样的积极心理暗示，会极大地鼓舞我们坚持单调的练习，或忍受一些痛苦。

4. 解决考生情绪问题。在考大学时，减少失误、没有失误，甚至是超常发挥，是每个考生及家长都希望的事。高考，不仅是智力的考验，更是心理的考验。考试需要有心理暗示，那什么样的心理暗示可以让我们达到心理流畅的状态呢?

一般来说，语言暗示是最常用的心理暗示方法。考前，可以给自己打气：“我可以的，我一定能考上。”“一定要相信自己的能力！”这就是一种“我可以”的强烈暗示，是一种自我激励。

我们还可以进行动作暗示，比如说，在答题答不下去的时候，为了使自己能够定下心来，可以做个动作，比如说祈祷或别的动作，给自己设计一套暗示的动作，使自己达到一种心理流畅的状态。

为了保持心情平静，你还可以使用情景暗示，如想象自己最想去的地方或最向往的情景，这样心情可以马上平静下来。

5. 解决儿童心理障碍和行为问题。心理暗示法被人们越来越广泛地用于解决儿童心理障碍和行为问题。一般来说，3~12 岁的孩子最适合用心理暗示法来治疗心理问题。这是因为，这个时期的孩子天生好奇，想象力丰富，有能力接受多元价值观念，改变固有观念，不像成人那么有偏见。此时使用心理暗示法，可以很好地治疗孩子的学习障碍、自卑问题。

此外，心理暗示法对治疗像吸手指、咬指甲、尿床、口吃等问题，以及手术前的焦虑、牙痛等问题都有一定的疗效。

当然，暗示功能的潜力不可估量，但具体效能要和个人特点相结合，不可一概而论。

5 五种暗示，拯救自己

你期望自己成为什么样的人，你就怎样暗示自己。

心理暗示现象在日常生活中很常见。

在第一次世界大战中，前线流行着一种因炸弹的爆炸而出现的“创伤后压力症候群”，严重者竟四肢瘫痪。美国心理学家威廉·麦独孤参加了战时治疗，他凭借以往的声望成功地进行了一次暗示：他用笔在一个下肢失去知觉的士兵的膝盖以下位置画了一个圈，并肯定地告诉患者，次日便能有好转。第二天士兵果然恢复了一些，于是就这样日复一日地画圈，士兵很快痊愈了。这就是医学上的“暗示疗法”。

有些人生理上一点病也没有，可总是怀疑自己有病，就一天天地消瘦下去。有“暗示疗法”经验的医生则对病人说：“我给你打一针特效药，保证你三天以后恢复。”针打了，病人果然好了。其实，医生注射的是葡萄糖水，真正治好病的是心理暗示。

心理暗示的方法有很多，接下来我们向大家推荐五个比较有效的心理暗示方法，以供参考。

1. **积极语言暗示法**。心理学研究表明，积极语言的暗示作用可极大地激发人的潜能。特别是在催眠状态下，人的思维活动可以完全受语言暗示的支配。常用的积极语言暗示有“我可以”“天生我材必有用”“坚持就是胜利”“人生难得几回搏”等等。

用积极语言暗示的同时，还要避免经常使用消极语言。当生活、工作、学习不顺利的时候，消极的话就容易脱口而出，也比较容易否定自己，并且是全面否定。例如，有些人常说“我本来就觉得会失败”“总之，我是无能为力了”“我毕竟比不上他”“总之，结果注定是要失败的”等等。这些话说多了，就会使人产生自卑心理，使人意志消沉，失去自信。

2. 录音催眠法。有专家将录音机用于人的睡眠和学习上。其原理是，一个人在熟睡之前或尚未完全清醒之前，是潜意识最活跃的时候，此时将录好的内容，在无意识的催眠状态下灌注到脑海里，使大脑接受暗示。当一个人在此状态下接受暗示后，一旦清醒过来，就会遵照被催眠时的暗示去行事。

在催眠的状态下，暗示具有较好的效果。具体操作的方法是，将你选好的暗示语录下来，睡觉时打开录音，每晚播放半个小时，使你在录音播放中入睡。这样反复播放数周后，暗示语就会生效，你的潜能就会得到开发。

举例来说，如果你有办事拖拉、优柔寡断、缺乏时间概念、懒散等毛病，想改掉这些毛病，你就播放这样的录音：“我说做就做，我喜欢当机立断，我珍惜时间，我很勤快，我有勤劳的美德……”

3. 扩大优点法。每个人都有自己的优点，我们现在要做的是，不仅要设法发现它，还要设法扩大它。即使是微小的优点，一天反复思索几遍，也能使你感觉到优点多于缺点。

比如说，如果你认为自己一向很害羞，性格也很内向，如果说有优点，那只有温柔一项而已。很好！“温柔”就是你的优点。反复对自己说：“我很温柔，这一点我比别人强。”这样就可增强你的自信。

4. 淡化消极因素法。这种方法就是设法缩小消极面。在实际生活中，有许多人被不安和自卑情绪困扰得痛苦不堪，但稍加分析，就会发现他们将极小的失败或恐惧扩大化了。这与上面的扩大优点法意思是一样的，但作用恰好相反。

比如，你与上司发生了一次口角，这让你对工作失去了信心。由于不顺心，就影响到整体工作，使自己陷入烦恼的深渊。实际上，这种情况是你对工作的某一部分产生了不满，至于对工作的其余部分，并没有什么意见。可惜，你将其扩大化，以偏概全，使自己对整个工作不满，产生了消极心态。

在此种情况下，不妨做一下分析，对工作失去信心的原因是什么？是与一个主管发生了口角，还是与所有的主管都发生了口角？事实是，仅与一个主管发生了口角。没关系，这不会影响你的工作，也不会影响到你的前途。如此考虑问题，消极心态就不存在了，你也就不会对工作失去信心了。

5. 赞美他人法。赞美他人也是一种积极的暗示，不仅给了他人积极的暗示，同时也给了自己积极的暗示。你赞美他人时，他人必定高兴，给你一个笑脸，这也是一个积极性暗示。所以赞美他人是一种很好的积极性暗示，如能经常运用，必然收到较好的效果。特别是作为领导者，如能善加运用这一方法，其效果更好，不但能改进上下级关系，还能调动员工的工作积极性。

6 运用暗示，可减压力

自我暗示法是一种在现代心理治疗、心理训练中广泛运用的调节身心机能的方法。

现代生活的快节奏，一方面激发了人们的进取心，锻造着人们的耐力和韧性；另一方面也必然使人们付出高昂的生理和心理代价。尤其是在各种刺激明显增多和人际关系复杂多变等因素的影响下，人们的心理负荷日益加重，因此造成的心理问题也越来越多。

杨珊是一家汽车公司的推销员。她平时乐于帮助别人，喜欢跟顾客交谈。她对工作充满激情和热情，也将无穷的精力投入到她的工作当中。她辛勤的工作也为她带来了丰厚的回报，不到一年的时间里，她便拥有了属于自己的房子和车子。

可是这样的生活并没有维持多久，杨珊感觉越来越累了，她的热情被消磨殆尽，精力不济，睡眠质量也越来越差。日常工作越来越难以应付，她开始气恼顾客竟然有这么多要求，消耗她这么多精力和时间。她开始头疼、背疼，每天清晨醒来就觉得像一夜没合眼似的难受。杨珊原本是一个沉着而放松的人，如今她却吃惊于自己神经的脆弱。她常常无缘无故地对丈夫大发雷霆，对孩子横加指责，对自己的顾客也满不在乎。

尽管她很想放弃这份工作，但她还是越来越拼命地应付着不断增加的工作。她这样拼命地又做了几个月之后，身体彻底垮了。杨珊由于心力交瘁而进了医院。她燃尽了生命能量，身上没有能量储备以维持生命的活力，就像一辆燃尽了汽油并且没有得到适当保养的汽车，抛锚在无尽的黑夜之中。

作为一名职场中人，你是不是像杨珊一样生活在无穷无尽的压力之下呢？如果是这样，为缓解工作或生活中的压力，你必须学会放松自己，只有适度放松，才能提高心理适应程度。

在各种放松方法中，自我暗示法对于缓解压力是比较有效的，它是一种在现代心理治疗、心理训练中广泛运用的调节身心机能的方法。

运用自我暗示法缓解压力和调整不良情绪，主要是通过语言的暗示作用来实现。比如，当有比较大的内心冲突和烦恼时，安慰自己“困难总会过去的”“已经渡过了许多难关，这次也一定能顺利度过”。有压力时，可以先坐下来理一理头绪，看一看究竟有多少问题，切不可让它充塞在头脑里而成为一堆乱麻。应该时刻想到：“我能胜任！”或者“我可能会失败，但是失败是成功之母！只要坚持下去，一定会成功！”不论遇到什么样的阻力，要保持自信的精神状态，要坚信“别人能办到的，我也能办到”。

我们如何具体实施这种心理暗示呢？

1. 选择适当的暗示时间。暗示的时间应选择在大脑皮层兴奋性降低的状态下进行，如清晨醒来、中午午休和晚上入睡前。在大脑皮层兴奋度很高的状态下，不易进行自我暗示。如果需要立即进行自我暗示，应该尽量使自己的身心平静，排除杂念，在专心的状态下进行。

2. 尽量运用想象。在暗示中运用想象要比运用自我意志努力的效果好。比如，失眠让人很苦恼，但往往你越想睡越难以入睡，而此时如果你想象着身体的放松状况，具体地想象自己已处在一个十分安静的环境里，则会轻松地入睡。

3. 选择积极的暗示内容。暗示内容的选择，体现自我暗示的性质。我们应该选择积极的能促使人身心健康的内容。倘若杯弓蛇影，就会给身心带来不良影响。

4. 努力达到松弛和“凝神”。“凝神”是指一心无二用，仅关注于自身的目前状态。你可以先把注意力集中于某一事物，久而久之，注意力自然而然地疲倦、松弛，于是不专注于任何事物，从而使得心灵安静。

7 调整思想，正确暗示

马可·奥勒留在《沉思录》中说：“我们的生活，就是由我们的思想创造的。”

通过研究一个人的思想，我们可以知道这个人的脾气、性格等，因为每个人的特性，都是由思想构成的。而这些思想的形成，又取决于心理状态。心理状态好时，思想就是积极的；心理状态不好时，思想则是消极的。

伟大的斯多葛学派哲学家依匹克特修斯曾警告说：“我们应该努力消除思想中的错误想法，这比割除‘身体上的肿瘤和脓疮’重要得多。”

我们先来看看一位曾经有过精神崩溃经历的年轻人的故事，可能对很多人都有良好的启示：

我为很多事情发愁。我为自己太瘦了而忧虑，为掉头发而忧虑，为现在的生活不够好而忧虑，还担心不能给人留下良好的印象，还为得了胃溃疡而忧虑，我怕永远没办法赚够钱娶个太太，我怕失去我想要娶的那个女孩子……

我因为这些忧虑而无法工作，不得不辞职了。可是，我的内心仍然很紧张，像一个没有安全阀的锅炉，随时都有可能爆炸。如果你从来没有经历过精神崩溃的话，祈祷上帝让你永远也不要有这种经历吧！因为再没有任何一种身体上的痛苦，能超过精神上那种极度的痛苦了。

我精神崩溃的情况，甚至严重到没办法和我的家人交谈。我控制不住自己的情绪，心里充满了恐惧，只要有一点点声音，就会把我吓得跳起来。我躲开每一个人，常常无缘无故地哭起来。

我每天都痛苦不堪，觉得我被所有人抛弃了，甚至上帝也抛弃了我。我真想跳河自杀。但后来我决定到佛罗里达州去旅行，希望换个环境能对我有所帮助。我上了火车之后，父亲交给我一封信并告诉我，等到了佛罗里达之后再打开看。到佛罗里达的时候正好是旅游旺季，因为旅馆里订不到房间，我就在一家汽车旅馆里租一个房间睡觉。我想找一份差事，可是没有成功，所以我把时间都消磨在海滩上。

我在佛罗里达时比在家的时候更难过，因此我拆开那封信，看看我父亲写的是什么。他在信上写道：

"儿子，你现在离家750公里，但你并不觉得有什么不一样，对不对？我知道你不会觉得有什么不同，因为你还带着你所有麻烦的根源，那就是你自己。无论你的身体或是你的精神，都没有什么毛病，因为并不是你所遇到的环境使你受到挫折，而是由于你对各种情况的想象。总之，一个人心里想什么，他就会成为什么。当你明白这点以后，就回家来吧。因为那样你就好了。”

我父亲的信使我非常生气，我要的是同情，而不是教训。我当时气得决定永远不回家。那天晚上，我经过一个正在举行礼拜的教堂，因为没有别的地方去，就进去听了一场讲道，讲题是“征服精神，强过攻城略地”。我坐在神的殿堂里，听到和我父亲同样的想法，这样一来我就把脑子里所有的胡思乱想一扫而空了。我第一次能够很清楚而理智地思考，并发现自己真是一个傻瓜！

看清了自己，实在使我非常震惊，我原先还想改变这个世界和世界上所有的人。其实唯一真正需要改变的，只是我脑部那架思想相机镜头上的焦点。

第二天清早我收拾行李回家，一个星期以后，我又回去做以前的工作了。4 个月以后，我娶了那个我一直怕失去的女孩子。我们现在有一个快乐的家庭，生了 5 个子女，无论是在物质方面或是精神方面，上帝对我都很好。

当我精神崩溃的时候，我是一个小部门的夜班领班，手下有 18 个人；现在我是一家纸箱厂的厂长，管理 450 多名员工。生活比以前充实、友善得多。我相信我现在能明白生命的真正价值了。每当感到不安的时候，我就会告诉自己：“只要把相机的焦点调好，一切就都好了。”

我要诚实地说，我很高兴曾经有过那次精神崩溃的经历，因为它使我发现思想对身心方面的控制力。我现在能够使我的思想为我所用，而不会有损于我；我现在才知道我父亲是对的，使我痛苦的，确实不是外在的情况，而是我对各种情况的看法。一旦我明白这点之后，就完全好了，而且不会再生病。

一个人是成功还是失败，就在于自我暗示的微小差别。可是，有人会说："那我们凡事都进行积极的自我暗示不就行了吗？"关键是如何产生正确的、积极的思想，这是大家都必须面对的问题。事实上，这也是大家需要应付的唯一问题。如果我们的思想是积极的、正面的，那么我们就可以通过正确的渠道解决生活中遇到的问题。

第四章　奇方妙法，管理情绪

美国著名心理学家丹尼尔·戈尔曼提出，一个人的成功，只有20%是靠智商，而80%则是凭借情商。正确的情商管理理念是用理性的、人性的态度和技巧来管理人们的情绪，善用情绪带来的正面价值与意义帮助人们成功。

1 积极转念，改变人生

对已经发生而无法挽回的事实，只能坦然接受。懊悔已于事无补，只能积极转念，正向思考。这才是掌握人生的正确之道。

一般来说，一个人在工作上或生活中遇到困难，或对人生感到失望时，就会产生负面情绪。然而真的是老天不公平吗？到底是谁造成了我们的不快乐呢？

有这样一个故事，值得大家反思。

有一位老人家，有 100 多岁了。他每天都很快乐。周围的人好奇地问他："为什么你每天都这么快乐呢？"这位老人笑呵呵地回答："因为我每天早上起床都有两个选择，一个是快乐，一个是不快乐，而我每天都选择快乐，所以我每天就很快乐。"

原来是这样啊！其实问题很简单，我们每个人都有"自主选择权"，可以决定自己的情绪走向，做情绪的主人。一直以来，让我们陷入恼怒、悔恨、忌妒、逃避、焦虑等负面情绪的关键人物，其实就是我们自己。这就像那个半杯水的故事一样。同样是半杯水，消极者说："我只剩下了半杯水。"积极者却说："我还有半杯水！"同样拥有半杯水，却有两种截然不同的心态和价值判断。

如果我们想跳出消极者的情绪陷阱，就应该好好学习如何做一个积极者。

美国认知行为学派的心理学家指出，一个人对人、事、物如果有错误的认知，比如以偏概全，或夸大严重性，则有可能造成情绪困扰。所以，如果一个人从认知开始觉察和改善，接着在行为上做调整，那么被负面情绪影响的程度将大幅降低。

例如，当我们被别人"说"的时候，通常会有些反应，并开始"解读"对方的话语。如果从我们的认知来解读对方的说法（包括语词、态度、口气），认为对方在"批判、责难"，那么，我们已经为对方贴上标签，并认定"对方在找我麻烦"。而如果我们的认知更有弹性和冷静，我们就会这样想：他是好意，只是说话的语气或方式让人受不了；他的建议，我愿意接受并据以改进自己，至于他的语气和态度，等找对时机，我再好好跟他沟通；对方可能有压力了，才会这样说话，我愿意给他一个机会，让他冷静下来。一转念之间，我们的认知领域扩大了，就不会在别人身上贴标签了。

哈佛大学的一位教授讲过一件这样的事：

几年前，他把毕业班的一个学生的成绩打了不及格，这件事对那个学生打击很大。因为他早已做好毕业后的各种计划，但现在不得不取消，这使他非常沮丧。现在，他只有两条路可走：第一是重修，下年度毕业时才能拿到学位；第二是不要学位，一走了之。

他非常不甘心，去找了这位教授要求通融一下。在知道不能更改后，他大发脾气，向教授发泄了一通。

这位教授等待他平静下来后，对他说："你说的大部分都很对，确实有许多知名人物几乎不知道这一科的内容。你将来很可能不需要这门知识就能获得成功，你也可能一辈子都用不到这门课程里的知识，但是你对这门课的态度却对你大有影响。"

“这是什么意思？”这个学生反问道。

教授回答说：“我能不能给你一个建议呢？我知道你相当失望，我了解你的感受，我也不会怪你。但是请你用积极的态度来面对这件事吧！这一课非常非常重要，如果不用心培养积极的心态，根本做不成任何事情。请你记住这个教训，几年以后就会知道，它是你收获的最大的一个教训。”

后来这个学生又重修了这门功课，而且成绩非常优异。不久，他特地向这位教授致谢，并非常感激那场争论。

“这次不及格真的使我受益无穷。”他说，“我甚至庆幸那次没有通过。因为我经历了挫折，才尝到了成功的滋味。”

这种有弹性的认知，绝不是“阿Q式”的精神胜利法或刻意地讨好别人，而是在情绪管理上给自己一个“自主选择权”。我们在解读对方的言语举止时，要选择有助于调适自己的方向。

2 情境演练，认清价值

每个人价值观的形成通常和自己的父母、师长、朋友等有关，我们从小和谁比较亲近，或比较相信谁的说法，不知不觉中也就学会了他们的情绪反应和处事态度。

我们前面说过，认知系统对一个人的情绪影响很大。那么，这个“认知”是从哪里来的呢？

心理学家认为，认知来自我们脑海中的无数种价值观，这些价值观影响我们对人、事、物的态度，并决定我们受人、事、物影响时的反应。有的人的价值观是开明通达的、正面的，比如："虽然他在背后说了我的坏话，但我一定可以克服这个难题。""这个困境暂时跳不出来，但我还可以找到其他的出路。"而有的人的价值观是狭隘的、负面的，比如："离开我的人都不会有好结果。""既然是老天安排的，我也就认了吧！"

这些价值观又是从何处得来的呢？每个人价值观的形成通常和自己的父母、师长、朋友等有关，我们从小和谁比较亲近，或比较相信谁的说法，不知不觉中也就学会了他们的情绪反应和处事态度。

有些价值观不会随着社会背景、风俗民情等发生变化，然而有些负面且具有影响力的价值观，一直以来都发挥着很大的威力。如果你不深入觉察和取舍，往往会受到它们的影响，甚至被控制。例如，有时你在夸奖一个人时，没想到对方却谦虚地谢绝了："别这样说，不要把我说得太好。"对方说这句话时，可能受一种根深蒂固的价值观影响，这种价值观认为"话说得太满，容易遭天谴，且会立刻兑现"。这种似是而非的价值观，让我们在自我接纳的路途上又迟缓了一步。

根据下面列出的三种情境演练法，让我们从"觉察"价值观入手，同时学习如何选择下面的积极的情绪反应。

1. 书面作业法。写下此刻脑海中浮现的念头，评估哪些负面价值观应该被修改成正面的价值观，并写下来。比如，把"我很担心他不理我了"修改为"和我做朋友，是他的福气"。

2. 角色扮演法。参加一个社会团体，在这之中接受辅导者的引领，自己也参加角色扮演的活动。在互动过程中，通过双方的言语、行动，我们可以觉察到自己的哪些价值观让对方有压力。这个“对方”可能扮演我们的父母、子女，或同事、朋友，甚至扮演我们自己。这样，当我们回到现实生活中，就会更加警觉，不让负面的价值观影响了我们与他人的关系。

3. **他人示范法**。我们还可以去参加一些专业的成长课程，亲身观摩正确的示范，或是多认识一些积极思考的朋友，观察他们的情绪反应，学习他们在待人处世时所选用的价值观。

3 双赢策略，大智大慧

在“双赢策略法”中，没有人被打败，大家都是赢家。

博弈论中有一个重要的概念：零和游戏。即一项游戏中，游戏者有输有赢，一方所赢正是另一方所输，游戏的总成绩永远为零。

在许多体育比赛中，我们都可以看到这种现象。当你看到两个打乒乓球的人时，你就可以说他们正在玩零和游戏。因为他们最终是一个赢、一个输。如果我们把获胜计为得一分，而输球记为失一分，那么最后两人得分之和为零。

这正是零和游戏的基本内容：游戏者有输有赢，但整个游戏的总成绩永远为零。零和游戏是博弈的一种模式，也是一种思维模式。习惯于依照零和游戏的模式考虑问题，就会认为对方的赢就是自己的输。

生活中，总有些人把情绪管理视为一个“你输我赢”的零和游戏，觉得双方在沟通时一定要先让对方难堪，从而让自己获得一种表面上的“胜利”。但真正会管理情绪的人却这样想：我应该选择一种“双赢”的策略，追求“你好我也好”。这就是情绪管理中的一个秘诀——双赢策略法，即维持双方的自我价值感，再找出双方都同意的、认为合理的观点。

美国著名心理辅导专家戴维·伯恩斯在其著作《伯恩斯新情绪疗法》中提到，当他在演讲会场碰到有人提问题向他挑战时，他往往运用“反诘问法”来处理，这是一种富有成效的沟通技巧。

戴维·伯恩斯认为，一般来说，当我们碰到有人侮辱或挑衅我们时，很快会有如下三种反应：

第一种反应是悲哀：开始自责，并且觉得自己不够好。

第二种反应是愤怒：责备对方，觉得都是对方的错。

第三种反应是高兴：有足够的自我认同感，被别人批评时，先从“自我检查”着手。比如，自问：“这些批评是对的吗？自己是否客观行事？我真的把事情弄糟了吗？”同时，认定自己是一个不错的人，不见得要事事完美。

以上三种反应，相信大家都会选择第三种，这样情绪既不受对方影响也不会自我贬低，还通过“自我检查”过程，得到成长的机会。

在现实生活中，你如果碰到家人、学生、下属或客户质问，在你的负面情绪快要被挑起来的时候，不妨试试这一招！

根据戴维·伯恩斯的分析，挑衅者往往表现出三种特质：

- 他们有意批评，但不是就事论事。
- 他们的人缘不佳。
- 他们有时滔滔不绝地骂个不停。

根据挑衅者的这三种特质，我们可以这样运用“反诘问法”：

- 马上感谢对方。
- 承认他所提到的事很重要。
- 强调除了他所说的，还有些其他重要的观点。
- 邀请挑衅者分享最后的感受。

戴维•伯恩斯说，他运用“反诘问法”来解决挑衅者的刁难、挑战，屡试不爽，有的挑衅者甚至在会后向他致歉或感谢他的和善言词。

因此，当下次有人来向你挑衅时，你应该很高兴地感谢他，同时观察自己如何更好地运用双赢策略法。

4 空椅治疗，内射外显

空椅子疗法可以让人们学习活在“此时此刻”，减少“过去已发生的事”和“未来可能发生的事”的干扰。

几把空椅子就可以改变人的情绪吗？不错，是这样的。下面的故事就是一个典型案例。

美国有一个叫杰姆的 11 岁男孩，有一天，他在玩游戏的时候，家里的门铃响了。当他正准备去开门的时候，他妈妈大声叫他不要开门，但他还是开门了。于是，他妈妈的男朋友走了进来，用手枪打死了他的妈妈。

就在这个事情发生以后，不仅杰姆的兄妹责怪他害死了母亲，他的同伴也都回避他。杰姆变得沉默寡言，有时会表现出一种暴怒，学习成绩更是一落千丈。

在他 18 岁那年夏日的一个下午，他站在街头，用手枪打死了一个人，打伤了几个人。后来他进了监狱，在那里他接受了一种心理治疗：治疗者要他想象他已经死去的母亲正坐在一张“空椅子”上，并对“空椅子”谈话。尝试了几次后，他变得越来越激动，最后他突然说：“是我杀死了你。”并在他妈妈死后第一次哭了。治疗者以此帮助他接触和接受自己的真实感情。后来，杰姆在社交、学习上都获得了明显的进步，在监狱外的适应也很成功。

空椅子疗法实际上是一种完形心理疗法。所谓“完形”（即格式塔心理学，诞生于德国），在德文中强调将事物当作完整的整体看待。完形心理疗法主张通过增加对自己此时此地躯体状况的知觉，认识被压抑的情绪和需求，整合人格的分裂部分，从而改善不良的适应。

这一学派的治疗者认为，一个身心健康的人往往能敏锐地察觉自己的躯体感觉、情绪和需求，从而妥当地组织自己的行为，使自己的情绪得到宣泄，需要得到满足，身心功能得到正常运转。相反，一个有心理障碍的人不但不能敏锐察觉自己的躯体感觉、情绪和需要，而且还会压抑它们。他们往往将那些不希望看到的心理活动压抑到潜意识中。长期的压抑不仅使这些感觉、情绪和需求得不到正常的表达和满足，使人变得麻木和僵化，更会引起焦虑、抑郁等神经症症状。如此形成一个恶性循环，使患者难以自拔。

空椅子疗法是使当事人的内射（意指吸收外界的价值观与标准，并入自己的价值观，使之不再是外在的威胁。如：战俘接受敌人的价值观；受虐子女接受其父母的方式，但长大后亦虐待其子女）外显的方式之一。那么，在现实生活中，它有哪些具体的功能呢？

1. 处理冲突。我们可以准备两张或数张椅子（有时也可以用坐垫替代），然后以每张椅子代表不同的角色来进行心灵对话。

比如说，我们将A椅子代表家长，B椅子代表孩子。当我们坐在A椅上时，说："你每天只会看电视，也不好好念书，这样成绩怎么会好呢？"接着，我们换坐到B椅上，闭眼体会孩子可能有的心声："我上了一天的课了，很累了，可不可以不唠叨了。"然后坐回A椅："你每次都要给自己找这么多的借口，难道你不想为自己的前途着想吗？"再坐回B椅："我知道你们的意思，可是你们这样做只会给我更大的压力！"

像这样扮演不同角色互相对话的过程，持续至少半小时，让自己在不同的角色中体验。逐渐地，我们有了机会说出压抑多时的苦闷，同时，还能学习理解另一方的感受，这样与另一方的关系就有机会得到改善。

运用空椅子对话的方式还可以处理夫妻、同事以及男女朋友间的关系，甚至"理想的我"和"现实的我"之间的关系，也可以借此找到改善的契机。

2. 宣泄压抑。有时候我们也可以在心理辅导室或成长团体的现场，只摆一把空椅子，这把空椅子代表自己怀有恨意的对方，我们在"自己"和"对方"之间对骂，甚至可以拿枕头或椅垫去捶打代表对方的空椅子。如此一来，骂完了，打完了，气也消了一大半。这样你再回到现实生活中，就比较容易原谅对方。

3. 不留遗憾。有些人可能由于某些原因，无法向对方表达自己的意愿，于是心里留下了深深的遗憾。这时我们也可以运用空椅子疗法，向"对方"说出心中的思念、追悔或感谢，让自己和对方的关系有个完整的结束，而不再带着遗憾生活。

5 音乐疗法，享受快乐

音乐悠扬舒缓的旋律、节奏、音调，对人体都是一种良性刺激。

音乐疗法是指利用音乐对某些疾病进行辅助治疗的一种心理治疗方法。现代医学和心理学研究表明，音乐对人体的生理功能和心理状态有明显的调节作用。

在悲伤的时候，音乐轻轻拭干人的泪水；在痛苦的时候，音乐让人超脱；在烦恼的时候，音乐缓缓为人排解。“听曲消愁，有胜于服药矣”。列宁曾在谈论贝多芬时说：“我愿每天都听一听他创作的乐曲，这是绝妙的音乐。”

音乐治疗的适用范围很广。常用于配合治疗各类神经官能症和身心疾病。音乐治疗通常很少作为单一的治疗措施应用于临床，须结合其他治疗方法，才能发挥其有效的治疗作用。

一位德国医生曾用音乐拯救了一位装上新心脏的病人，此病人在术后16天仍昏迷不醒，躺在明斯特大学医院的急救中心。为了使他从昏迷状态中清醒过来，医生使用了一切办法，但都无济于事。在万般无奈之下，病人家属同意让女治疗学家达格玛律·古斯托尔夫为他唱歌，以使他恢复生命。

古斯托尔夫医生和病人第一次接触时，握着病人的一只失去知觉的手，唱起了一连串的音符，其旋律和病人的呼吸、脉搏的节奏一致。但是，在第一次治疗时，病人没有做出明显的反应，因此她在10分钟后停止了唱歌。两天后，这位女医生又一次握着病人的手，开始唱歌给他听。突然，病人开始朝胸部移动他的手，眨眨眼，转动了头。虽然病人还不能讲话，并且仍依靠仪器来维持生命，但是他已恢复了知觉，并能通过仪器表达他的感情。

为什么音乐有如此神奇的作用呢？专家认为，音乐以声波的方式作用于大脑，通过丘脑和边缘系统影响情绪及其他生理功能。由于各种乐曲的旋律、节奏、音调、音色的不同，产生的情绪反应也各不相同，如兴奋、轻松、和谐、悲壮、低沉等等，同时也相应地影响到血液循环、胃肠蠕动、骨骼肌收缩、激素分泌等新陈代谢状态。所以，合理地欣赏音乐可以起到抒发情感、陶冶情操、增进自信、调节行为（包括外显行为和内在行为）的作用。

运用音乐疗法，最为重要的是音乐的选择。由于音乐疗法是通过音乐所表现的思想感情来感染处于不同心境中的人，因此音乐的选择极为重要。不同的音乐具有不同的特点。例如，A调的柔情和伤感，自信且充满了希望；B调的温暖与恬静，勇敢且有豪情；D调洋溢着热情；E调则给人以安定之感。

当你在学习中遭受挫折，垂头丧气时，听一听贝多芬的《命运交响曲》，你或许可以从悲叹中振作，继续勇敢地面对生活中的风风雨雨；当你工作疲惫不堪时，听一听《春江花月夜》《高山流水》《二泉映月》，可让身心在大自然的天籁之音中得到舒展和放松；当你辗转难眠时，听一听节奏舒缓、轻柔悦耳的《仲夏夜之梦》，你或许会酣然而睡。

以上选择均是用音乐中所包含的情感来感染人们，使人们产生一种共鸣，进而达到情绪调节的目的。

当然，音乐虽然能调节人的心情，但听音乐时也应注意以下几点：

1. 生气时忌听摇滚乐。人在生气时，情绪易冲动，常有失态之举，若在怒气未消时听到疯狂而富有刺激性的摇滚乐，无疑会助长人的怒气。

2. 睡前忌听交响乐。交响乐气势宏大，起伏跌宕，激荡人心，睡前听此类音乐，会令人精神亢奋、情绪激动，难以入睡。

3. 吃饭时忌听打击乐。打击乐一般节奏明快、铿锵有力、音量很大，吃饭时欣赏，会导致人的心跳加快，情绪不安，从而影响食欲，有碍食物消化。

4. 空腹忌听进行曲。人在空腹时，饥饿感很强烈，而进行曲具有强烈的节奏感，加上铜管齐奏的效果，人们受了步步向前的驱使，会进一步加剧饥饿感。

用音乐调节情绪不同于一般的音乐欣赏。在音乐欣赏中，人是主动地去体验和感受不同音乐中所包含的不同感情，即相对于待欣赏的音乐而言，人处于主动的地位；音乐调节则是在特定的环境中，利用特定音乐的节奏和旋律，来进行心理情绪的自我调节，进而达到改善情绪的目的，即人们主动利用音乐改变自身的情绪，相对于人的情绪来说，音乐则处于积极主动的地位。

6 调节呼吸，改善状态

学会调节自己的呼吸，有助于缓解紧张、焦躁、烦闷的情绪。

虽然人人都在不停地呼吸，都知道呼吸对于维持生命的必要性，但却不一定知道某些特定的呼吸方法有缓解精神紧张、压抑、焦虑的功效。经由一段时间的练习，掌握一些基本方法，我们就可以运用呼吸进行自我心理调节。

我们都知道，人与人之间相处难免会发生矛盾。这其中，利益冲突、矛盾纠纷、意见不同，每一件事情都在刺激着人们的神经，扰乱人们的情绪，让人忧伤、愤怒，甚至仇恨、痛苦，每一天情绪都在千回百转。当遇到这些事情的时候，怎样才能以最快的速度恢复平静呢？这时如果试着做几个深呼吸，通常有助于情绪的控制，使激动的情绪趋于平静。

这是因为，情绪紧张时呼吸快而浅，而深呼吸使体内吸入大量氧气，呼出大量二氧化碳，从而使血流中的二氧化碳失去平衡，于是中枢神经系统便迅速做出保护性的抑制反应，这样紧张状态就得以消除。

调节呼吸的方法有很多，在日常生活中，如果行、住、坐、卧都能保持不急不缓的动作，让呼吸节奏均匀，气自然顺畅。气顺了，就可转化为足够的活动能量，身心便可获得舒展和放松，情绪自然而然就平静下来了。

呼吸调节法常采用下面三种方式：

1. **深呼吸。**当情绪激动难以自制时，可试着运用深呼吸来平复激动的情绪。开始时选取一种舒适的坐姿，然后轻轻闭上双眼，让心情逐渐平静下来，然后开始深深地吸气。吸气时速度要慢，缓缓地吸足气后，屏息 1~2 秒钟再徐徐呼气。呼气比吸气要更加缓慢，待把吸入的空气完全呼出后，再重新慢慢吸气。这样反复多次，就可以使心情逐渐平静下来，身心也得到了放松。

2. **腹式呼吸。**这是一种有利于放松、集中注意力的调整呼吸的方法。选取一种舒服的姿势，坐在椅子上或自然站立，然后轻轻闭上双眼。先把气从口和鼻子慢慢呼出，边吐边使腹部凹进去；待空气完全吐出后，闭上嘴，从鼻子慢慢吸进空气，把腹部渐渐鼓起来；吸足了气之后暂停呼吸；然后再一边从鼻孔轻轻地把气呼出来，一边让腹部凹进。初练习时可用嘴配合吐气，之后用鼻子呼吸。在做练习时，还可以在吐气时默数“1、2、3……”，数到 10 时，再回过头来从 1 数起，注意力就会自然地集中到数数上。

3. **内视呼吸。**这是一种运用视觉表象来调节呼吸，进而调节心情的方法。具体步骤是先闭目静坐，舌尖抵住上颚，脸部呈自然放松状态；然后，一边做慢而深长的腹式呼吸，一边想象气流正缓缓地从鼻孔进入鼻腔；接着，在想象中气流继续前进到达腹腔，再到全身；之后，再接着想象气流沿着原路返回，直到把气体完全排出体外。这样反复进行练习，交替想象气流的一出一进。每次练习 5 至 10 分钟即可。

在做重要的决定或从事对人生有重要意义的活动时，不妨尝试一下呼吸调节法，或许能消除紧张波动的情绪，并因此改变不恰当的决策。

7 调整表情，改变内心

人在发生情绪波动时总伴随一定的肌肉紧张，如果这些肌肉得到放松，就能减轻或改变人的情绪状态，随之消除紧张、恐惧和不安全感。

表情是情绪的外部表现。古语说“情动于中而形于言”，情绪的产生伴随着一系列生理过程的变化，由此而引起脸部、姿态等的变化。愉快顺利时笑容满面、兴高采烈、手舞足蹈；愤怒时咬牙切齿、横眉瞪眼、紧握双拳；发愁时愁眉紧锁、无精打采；沮丧时垂头丧气、肌肉松弛。

既然情绪与外部表情这样密切相关，我们便可以通过改变外部表情的方法来改变情绪状态。比如，我们在感到紧张焦虑时，可以有意识地放松面部肌肉，表情自然，或者用手轻搓面部；我们在心情沉重时，可以有意识地强迫自己微笑，或者想一想过去高兴的事。

我们所说的表情调节法，就是通过有意识地调节自己的外部表情来调节内心的情绪体验。表情调节法的具体策略有以下几种：

1. 向自己微笑。向自己微笑是一种既简单又有效的表情调节方法。微笑带给人健康，它能使情绪紧张的人变得平静镇定，使没有胃口的人食欲大增，使失眠的人安然入睡，可延缓衰老，增强免疫力，减轻疼痛感。正所谓“一笑解千愁”。

你可以拿一面镜子，然后对着镜子向自己微笑，看看会有什么样的结果。实验证明，装成快乐的样子常常会“弄假成真”。最初你也可能会觉得那是假装的，但只要多练习，假装的感觉自然会逐渐消失。你不能只坐在那里，等待快乐的感觉出现。相反，你应该站起来，模仿快乐的人的动作和言谈。即使假装的快乐不能在短时间内把一个郁闷、内向的人变成一个开心、外向的人，但向自己微笑却是迈向快乐心情的第一步。

2. 故意大声说话。在现实生活中，总有这样一些人：常常表现得胆小怕事，一见人就脸红，就是在极普通的公共场所，也常常紧张得语无伦次。这些人的紧张根源，主要有这样两个原因：缺乏自信和缺少锻炼的机会。

高天在大学毕业后考上了公务员，家人因此而欣喜，还在四处找工作的同学也羡慕他能有待遇丰厚且稳定的工作，但这却苦煞了高天本人。

原来高天很怕别人注视自己，害怕与别人的眼睛对视，长期回避与人交往。在办公室，一个四方办公桌对面坐着另一个同事，一抬头很自然地就与对方打照面，同办公室里好几个同事，整日抬头不见低头见。上班数月，高天因无法适应和忍受痛苦而辞职。

对于这样的人，如何调整表情，让他变得更加自信呢？故意大声说话是一个不错的方法。在说话时，声音要大并且有条理、有见地，这样会吸引人们更多的注意力。

害羞的人在社交场合中讲话总是模糊不清，并且把声音压得很低。提高声调不仅可以使更多的人听到你的谈话，还会使你觉得有一种自我实现感，会增强你继续讲下去的信心和勇气。

8 适时静坐，平衡情绪

> 静坐是解除压力、缓解情绪的灵丹妙药。

早在战国时期，庄子就主张要摒弃私欲，在静中养生。后来，明代学者王阳明继承并发扬了这一学说，创建了静坐术。郭沫若年轻时在东京第一高等学校读书，由于读书废寝忘食，不到一年就得了严重的神经衰弱症，他痛苦得几乎想自杀。有一次，他偶然发现了静坐这一“药方”，便试了试，果然灵验。后来，他养成了静坐的习惯，终身受益。

静坐疗法为什么有这么神奇的功效呢？这是因为，静坐能让心跳减慢，可驱除负面能量，让身心感觉平静而安详。

养成每天静坐的习惯对身心健康非常有益处。长久以来，人们都知道保持冷静的重要性，在说话或动怒之前，先让自己冷静几秒，也许就可以避免许多失礼或令人感到尴尬的场面。不仅如此，当面对压力高涨、忧虑、愤怒、恐惧等不愉快的情绪时，静坐可帮助人们缓和紧张感、控制情绪、掌控怒气、消除脑中的混乱与障碍。在静坐时，体内能量会由下往上在每个脉轮间（指分布在人体中的7个能量中枢，分别为头顶、眉间、喉头、胸口中央、肚脐附近、下腹部和尾骨）流动，让全身脉轮对应的部位器官、脉轮能量恢复正常，重现活跃的生命力。

专家发现，处于静坐中的人，大脑皮质处于保护性抑制状态；同时，皮质功能同步增强，皮质与皮质下神经功能协调统一，使整个有机体的指挥系统——大脑——的活动稳定而有节律。这种生理上的变化使人的精力旺盛，思维的敏捷性、清晰度大大提高，从而有助于提高记忆力、学习能力和工作效率。

静坐疗法的要旨是“静”，每天两次，每次20~30分钟。具体方法是：

1. 静坐的方式。

• 静坐须有合适的座椅，座位的高度与静坐者的小腿同高，大腿要平，小腿要直。

• 端坐自然，头颈正直，下颚微收，腹部微收，胸部微含，背部挺直（但不可用力），两肩下垂，两手分别放置膝盖部，两脚距离与肩齐，平放地上。

• 两眼微闭，目视鼻尖，口唇轻合，舌尖顶上颚（舌尖顶在两个门齿之间的后面牙龈处），以安坐舒适为度，切记不僵硬、不松懈。

• 呼吸采用自然呼吸法，呼吸用鼻；然后逐渐入静，使人由兴奋的思维活跃状态转为平静，并逐步进入一种似醉非醉、若有似无的潜意识状态。

2. 静坐前准备。

• 静坐前如有必要，可预先排净大小便。

• 宽衣松带，解领扣，松腰带。

• 静坐前，一定要稳定好情绪，排除一切杂念。

• 尽可能选择空气新鲜、环境比较安静的地方，室内室外均可。

• 在静坐当中如骤然发生巨响，切记不要紧张，尽量保持若无其事的态度。

第五章　战胜愤怒，重塑自我

愤怒需要管理，是因为生活并不总是尽如人意，总会有些让人挫败甚至想要爆发的瞬间。但每个人都不想让愤怒“开锅”。愤怒是人与生俱来的一种强烈情绪，它能宣泄内在的积郁，能引发实践的行动，也可以成为毁灭性的力量。了解它并控制得好，就会拥有成功的人生；不了解它，任凭愤怒的情绪摆布，就会陷入悲情和困境之中。

1 愤怒之根，源于自身

> 愤怒是对遭遇伤害、挫折、威胁和损失的自然情感反应。你若能恰如其分地表达愤怒的情感，那往往会成为一种激励你的动力，可改变你的生活。

我们生活的这个时代，的确是个“容易冲动的时代”。上班时间快到了，但公交车却因交通堵塞而停滞不前时，你是否会烦躁不安？工作时计算机突然出现故障，导致你的资料全部丢失时，你是否会郁闷不已？此外，同事间的摩擦、邻里之间的纠纷、被人冤枉、在公共场所被羞辱、家庭不和、夫妻吵架、子女不听话等等，都可使人生气、愠怒，甚至暴跳如雷。在这种情况下，愤怒的情绪就常常自然而然地出现了。

愤怒是因挫折、威胁和伤害而爆发出来的一种很自然的情感，同时对于生存来说，它也是一种积极的、具有建设性的情感。

愤怒在一定条件下能够激发人的责任感，提高创造力。愤怒可使人发奋图强，史学家司马迁在愤怒的情绪下，写出了名垂千古的《史记》。有人说“愤怒出诗人”，因为在愤怒情绪下的人通常感情饱满、文思泉涌，所以能振笔疾书。当然，前提是我们用正确的方法引导了“怒火”，而没有去伤害别人。

在现实生活中，是什么使你感到愤怒呢？

- 刺激。很小的一件事情可能就是导致心理失去平衡的原因。
- 身体上的紧张。你的身体处于一种紧张的状态当中，你随时准备要爆发。

• 太多的需求。正是由于有太多的事情要做，你可能感到紧张，感到有压力。

• 缺乏灵活性。你的思想太呆板。你经常会说“必须”“应当”“应该”之类的话。

• 对挫折的容忍能力差。遇到非常小的困难都可能使你感到困扰。

• 悲观主义。你倾向于看到事物消极的一面。一旦事情向不利的方面发展，你常常会说“糟透了”“真可怕”。

• 抑制自己的愤怒。你发现很难把自己的想法表达出来，总让不满的情绪在内心蔓延。

当然，过度的愤怒容易坏事，还容易伤身。人在强烈愤怒时，恶劣情绪会致使内分泌发生强烈变化，这些大量的荷尔蒙会对人体造成极大的危害。培根说：“愤怒就像地雷，碰到任何东西都一同毁灭。”如果你不注意培养自己忍耐、心平气和的性情，一旦碰到“导火线”就暴跳如雷，情绪失控，就会把好事情全都“炸掉”。

控制暴怒的最有效的方式就是不让它出现。在你进入那种难以控制的情感状态之前，就采取行动来化解它。

有一个政党的领袖，在指导一位准备参加参议员竞选的候选人如何获得多数人的选票时，和那个人约定：“如果你违反我教你的规则，你得罚款 10 元钱。”

“行，没问题，什么时候开始？”

“就现在，马上就开始。”

“好，我教给你的第一条规则是：无论人家怎样损你、骂你、指责你、批评你，你都不许发怒，无论人家说你什么坏话，你都得忍受。”

“这个容易，人家批评我，说我坏话，正好为我敲个警钟，我不会记在心上。”

“好的，我希望你记住这个戒条，这是我教给你的规则当中最重要的一条。不过，像你这种呆头呆脑的人，不知道什么时候才能记住。”

“什么？！你居然说我……”那位候选人气急败坏道。

“拿来，10 元钱！”

“呀，我刚才违反了你的规则吗？”

“当然，这条规则最重要，其余的规则也差不多。”

“你这个骗——”

“对不起，又是 10 元钱。”领袖摊手道。

“这 20 元钱也太容易了。”

“就是啊，赶快拿出来，你自己答应的，你如果不给我，我就让你臭名远扬。”

“你这只狡猾的狐狸！”

“10 元钱，对不起，拿来。”

“呀，又是一次，好了我以后不再发脾气了！”

“算了吧，我并不是真要你的钱，你出身贫寒，你父亲的声誉也坏透了！”

“你这个讨厌的恶棍。”

“看到了吧，又是 10 元钱，这回可不让你抵赖了。”

这一次，那位候选人心服口服了，领袖郑重地对他说：“现在你总该知道了吧，克制自己的愤怒并不容易。你要随时留心，时时在意，10 元钱倒是小事，要是你每发一次脾气就丢掉一张选票，那损失可就大了。”那位候选人重重地点了点头。

虽然我们也知道，在生活中应该像那位候选人一样，要学会控制自己的愤怒，只有这样才能取得成功，但毕竟我们是人而不是神，有些事情不是那么轻易就能控制的。因此，重要的就是，在你意识到自己开始生气的时候，就马上采取以下措施：

1. **意识控制。**当愤怒不已的情绪即将爆发时，要用意识控制，提醒自己应当保持理性，还可进行自我暗示：“别发火，发火会伤身体。”有涵养的人通常能做到自我控制。

2. **承认自我。**勇于承认自己爱发脾气，以求得他人帮助。如果周围人经常提醒、监督你，那么你就会更容易改掉爱发脾气的毛病。

3. **反应得体。**当遇不平之事时，任何正常人都会怒火中烧，但是无论遇到什么事，都应该心平气和，冷静地、不抱成见地让对方明白他的言行之错，而不应该迅速地做出不恰当的回击，从而剥夺了对方承认错误的机会。

4. **推己及人。**凡事要将心比心，就事论事。如果任何事情，你都能站在对方的角度来看问题，那么很多时候，你会觉得自己没有理由迁怒于他人，怒气自然也就消失了。

5. **宽容大度。**对人不斤斤计较，不要打击报复，当你学会宽容时，爱发脾气的毛病也就自行消失了。

2 处理摩擦，自有妙方

让步是一种智慧，是一种胸怀，是一种宽容，是一种高尚，是一种修养。

工作场合中，同事之间难免会有摩擦，如果处理不当，就会造成严重的冲突，恶化彼此的关系。绝大多数发脾气者、斗气者的结局都是鱼死网破。因此，许多人这样评价常发脾气的人：“脾气来了，福气走了。”这句话的确能给人深刻的启迪。

有一位主厨，非常情绪化，高兴起来可以对你又亲又抱，左一句“甜心”，右一句“蜜糖”，让人听了心里暖洋洋的。但是千万别惹他发火，一旦发怒，30 秒内，他可以将脏话全部骂过，还意犹未尽，翻脸比翻书还快，搞得大家都对他畏惧三分。

他的脾气就像一匹野马，完全无法控制。厨房的员工因受不了他的脾气，流动率极高；外场经理也因为难以和主厨配合，换了又换。但是饭店的主管觉得他确实才气逼人，他做的菜客人吃过之后都赞不绝口，而且他还会利用很普通的材料做出很多有新意的菜肴来，又聪敏、肯拼、肯做。基于这些原因，主管还是睁一只眼闭一只眼，随他去了。

有一天，一位新来的服务生触怒了主厨，主厨训斥他的时候，服务生居然也和他对骂起来了，厨房里顿时变得一团糟。更让人瞠目结舌的是，主厨居然拿出切肉的刀子要跟服务生拼命。这下事态严重了，主管只好开除了主厨。

一个优秀的大厨因为爱发火而丢了饭碗，这应该是他绝对没有想到的。同样，在现实生活中，作为一名上班族，你应该时刻提醒自己的是，没有人有责任或者义务来忍耐你，迁就你。

随着企业规模的日益庞大，企业内部分工越来越细，任何人，不管他有多么优秀，想仅仅靠个体的力量来左右整个企业都是不可能的，没有人可以超然地处世而不与别人合作。大厨不克制自己的情绪乱发脾气，只会让周围的人对他敬而远之，无法真正地与他沟通，也就无法做到和谐地配合。当公司里所有的人都与他配合不好，这当然就是大厨个人的原因，被公司开除自然也是情理之中的事情了。

我们在工作中不可避免会有和同事、上司意见不合的情况出现。作为一名员工，我们当然希望自己开开心心地工作，不喜欢整天斗来斗去。想要一个和谐的工作环境，这就要求我们去处理好工作中的人际关系。

在和同事发生冲突摩擦时，当我们感到生气、焦躁或是不安的时候，不要急着往前冲，请后退两步吧。后退两步，并不表示我们停滞不前，甘于懦弱，它可以让我们的视野更开阔，让我们把情况分析得更透彻，从而做出正确的判断。而且，因为你后退两步，许多的矛盾便会一下子化解得无影无踪，从而让你拥有海阔天空的心境。

对于与同事间的摩擦，如果处理得当，就能把激动的争执转变为冷静的沟通，有助于彻底解决问题。你可以参考以下处理方法：

• 当同事愤怒时，不要以愤怒的态度回报，但要坚持你的意见，表明你希望双方先冷静下来再讨论的意愿。

• 询问他生气的原因，但不要长篇大论。

• 如果他后悔自己一时失态，立即保证你毫不介意。

• 给他一些恢复平静的时间，不要施加压力。

• 问他发火的原因，若他拒绝回答，也不必强求。若他说出不满，只要倾听，表示理解即可，不要妄下断语或提供解决方法。

• 当同事冷漠不合作时不做判断。你可问他："怎么了？"如果他不理会，不妨以友善态度表示你想协助他。

• 如果他因家庭、感情或疾病等私人因素，影响到工作情绪时，建议他找人谈谈，或请两天假。

在我们的工作和生活中，常常要向主管让步，向同事让步，向下属让步，向父母让步，向孩子让步，向妻子让步，向对手让步……你做出了让步，并不代表你就是失败者。相反，你从让步中赢得了关系的密切、感情的融洽。这比争一时之气、逞一时之能来得更有效。

3 耳不听闻，心自不烦

在愤怒面前，回避有时也是一种策略。

生活中，愤怒无处不在：夫妻间吵架拌嘴，员工对老板的抱怨指责，孩子顶撞父母或者父母责骂孩子，甚至下班路上的拥堵也能让我们坐在车里一边狂按喇叭一边破口大骂……

从小到大，我们被一再告知发怒是不好的，那些直接或者间接的生活经验也让我们知道，发火的“破坏力”有多大——失去朋友、得罪亲人或者丢掉饭碗。可问题是，人人都会生气啊！每当“怒从心头起”的时候，到底要不要表达出来？又该如何表达？

也许我们不能改变别人，也不能一下子就改变自己的处事方式，但是我们可以学习如何在心理上进行自我保护。

当人陷入要发火的境地时，最先也是最容易采取的克制策略是回避，不接触导致心理困境的外部刺激。在心理困境中，人的大脑里往往形成一个较强的兴奋中枢，回避了相应的外部刺激可以设法使这个兴奋中枢让给其他刺激，兴奋中枢转移了，也就摆脱了心理困境。“耳不听心不烦”说的正是这一道理。

因此，在体验到某一心理困境时，就该主动回避，不在导致心理困境的时空中久久驻足。比如，早晨父母不停地唠叨，导致你“勃然大怒”或“闷闷不乐”，这时你就赶快去上班，离开“是非之地”。这也算是一种客观回避法。

我们还可以采取主观回避法，即通过主观努力来强化本能的潜抑机制，故意不听、不理睬消极悲观的信息，在主观上实现注意中心的转移。注意力转移是最简单易行的一种主观回避法。

露丝原来是美国最高法院的一名法官，她选择男友有自己的标准：“他是我所有交往过的唯一在乎我的智慧的男人。”

她和男友结婚的那天早上，露丝在楼上做最后的准备。这时，男友的母亲走过来，把一样东西放到露丝手里，然后看着露丝，用从未有过的认真对露丝说：“我现在要给你一个你今后一定用得着的忠告，那就是你必须记住，每一段美好的婚姻里，都有些话语值得充耳不闻。”

男友的母亲在露丝的手心里放下一对软胶质耳塞。当时，露丝并没有明白老人的意思，但没过多久，她与丈夫第一次发生争执时便一下子明白了老人的苦心。

露丝这样说：“她的用意很简单，她是用她一生的经历与经验告诉我，人在生气或冲动的时候，难免会说出一些未经考虑的话。而此时，最佳的应对之道就是充耳不闻，权当没有听到，而不要同样愤然回嘴反击。”

但对露丝而言，这句话产生的影响绝非仅限于婚姻。作为妻子，在家里她用这个方法化解丈夫尖锐的指责，修护自己的爱情生活；作为职业人士，在公司她用这个方法淡化同事过激的抱怨，优化自己的工作环境。她告诫自己，愤怒、怨憎、忌妒与自虐都是无意义的。每一个人都有可能在某个时候说一些伤人或消极的话，此时，最佳的应对之道就是暂时关闭自己的耳朵，做到“耳不听心不烦”。

在现实生活中，我们面对不如意的时候，千万别竖起耳朵，瞪大眼珠子跟人吵个没完没了，最后双方的结果都不会太好。你气得头昏脑涨，损害了自己的身心健康不说，与对方的隔阂也会越来越深。“装聋作哑”不仅平息了家庭纠纷，化干戈为玉帛，而且能调节家庭的氛围，增添生活乐趣。

4 看待问题，转换视角

当一个人的观念改变时，他的态度、情绪和行动也就有了积极的改变。

生活中总有很多人抗打击能力比较弱，导致想法不正确，要么固执己见，缺乏弹性思考；要么拒绝接受新观念，看不清事件的本质。事实上，在陷入困境时，唯有改变想法，转变观念，才能突破思考的盲点，看到新希望。

有这样一篇文章，讲的是唐代著名禅师慧宗大师的故事。

慧宗禅师常为弘法讲经而云游各地。有一回，他临行前吩咐众弟子看护好寺院的数十盆兰花。弟子们深知禅师酷爱兰花，因此侍弄兰花非常殷勤。但一天深夜狂风大作、暴雨如注，偏偏弟子们由于一时疏忽，当晚将兰花遗忘在户外。第二天清晨，弟子们望着眼前倾倒的花架、破碎的花盆和被风雨摧折的兰花，后悔不已。

几天后，慧宗禅师返回寺院，众弟子忐忑不安地上前迎候，准备领受责罚。得知原委，慧宗禅师泰然自若，神态平静而祥和，他宽慰弟子们说："当初，我不是为了生气而种兰花的。"

在场的弟子们听后，如醍醐灌顶，大彻大悟，对师父更加尊敬佩服了。

"我不是为了生气而种兰花的。"这看似平淡的一句话，却透着精深的佛门玄机，蕴含着人生的大智慧。依此，我们可以说："我们不是为了生气而读书的；我们不是为了生气而工作的；我们不是为了生气而与人交往的；我们又何尝是为了生气而生活的……"

人对于事情的着眼点不同，看法也就大相径庭，从而情绪也会大不相同。有人习惯于往细处看，目光如豆，免不了钻牛角尖；而有的人习惯于大处着眼，所以格局大、心胸宽。有的人过度保守、信心不足，消极和悲观的情绪就流露了出来；而有的人着眼于亮丽的未来，以至于目标远、信心强、积极性强，心态比较乐观。

其实，面对那些倒霉的事，我们只要转变想法，换个角度看问题，情绪就会变好了。

来看看艾伦一天的遭遇。

清晨，下着小雨。艾伦最讨厌下雨了，刚上了油的皮鞋会沾水，裤管也会带上泥。穿西装裤吧，刚买的名牌，舍不得在雨中穿；穿休闲裤吧，白色的很快就变脏。像这种毛毛雨又懒得打伞，坐出租车都要排队。接女朋友也不方便，要是晚去一会儿，塞丽娜就会嘟着嘴巴生气了，然后几天不理他。艾伦躲在被窝里烦躁了一会儿，一看表，快迟到了，艾伦一阵心慌。

上班途中，公交车站牌下雨伞林立，伞下一张张脸翘首以待。艾伦看看自己的名牌西服，决定坐出租车。好不容易一辆空车过来，人们立刻蜂拥而上，根本就挤不上去。如是三番，艾伦还没坐上，心里只恨自己没有车。终于等到机会，找到一辆车，但上车刚一落座，一股凉意沁入屁股，扭身一看："天哪，你这车上怎么有水啊！"

司机回头说："下雨天能没有水吗？"

"那也不能有这么多啊！"

"噢，可能是刚才的乘客把伞放在车座上了吧。"

艾伦憋了一肚子火，没好气地说："早知道还不如坐公交车，白白糟蹋了我的新西装裤。"

"要怪只能怪这鬼天气。"

"坐你的车就怪你！"艾伦拿纸巾去擦屁股上的水，纸巾立刻湿透，艾伦甩着手，碎纸屑却黏着手不掉。他嘴里嘟囔着："真倒霉！"

司机回他说："别人把伞放在车座上，我哪看得见！"

……

就这样，艾伦和司机吵了一路，窝了一肚子火，车一到站赶紧付钱下车。走到办公室才发现，司机竟没找钱！坐了一屁股水，还多花 10 元钱。艾伦气得不行！

刚进办公室，同事就通知艾伦，策划方案没通过，退回修改。那份策划方案可是艾伦熬夜完成的，全企划室也只有艾伦能拿得出这种像样的方案来。再修改？说得轻巧！坚决不改！艾伦心里又委屈又气愤，决定放到一边等经理来找他。可是等了一天，经理也没来。

下班时，雨依然淅淅沥沥地下着，艾伦依然打不起精神来。突然间，他想起下午忘了给塞丽娜打电话，他们约好了下午打电话决定晚上到哪里吃饭的。一看表，糟了，下午 6 点了！艾伦赶快打电话过去，但办公室没人听，推测塞丽娜早下班了。打她手机，半天才接，手机里传来塞丽娜尖厉的声音："你怎么回事啊？！现在才睡醒吗？我已经跟别人约了！"啪的一声，塞丽娜就挂了电话。都怪这鬼天气！艾伦半天没回过神来。

也许任谁遇到这些倒霉事，心情也不会太好，但是我们要想到这些坏情绪若不能及时解决，很容易植入你的内心，影响你几天的心情。

怎么办好呢？我们可以换个角度来看待这些问题。

艾伦已经有了一种惯性思维：一下雨就会有坏心情。这样下去，心情能好起来吗？这种行为在心理学上叫"自我暗示"。艾伦不断地暗示自己，只要下雨，自己就会倒霉。好像失眠的人总说自己会失眠一样，所以才总会失眠。艾伦可以去做一个调查：还有很多人特别喜欢下雨呢！下雨，可以听着雨打玻璃的声音安然入睡；下雨可以滤掉马路上的灰尘、噪声，让空气清新起来；下雨，可以给女朋友送伞讨好她，还可以和她共撑一把伞，在雨中漫步，然后趁机搂住她的肩……所以，换个角度看问题，阴雨天也会有好心情。

上班途中，不就是坐了一屁股水吗，庆幸的是没坐到一个烟头、一摊油上。要有同事问你屁股上是什么东西，你正好幽默一下：“我返老还童了。”

办公室里，别人都做不出来的策划案，唯独你能做出来，这不正好证明你比别人强？重要的方案不可能一次通过，退回来修改很正常，再说又不是让你重新做一份。积极的做法是，站起来，主动去敲经理的门，问问清楚，究竟是哪些地方欠缺，该怎样修改。主动和上司沟通，会让你心情舒畅、信心十足。

到了下班，整天的坏情绪已经一一被化解了，那就不会忘记和女朋友的约会。即使忘记了也不要紧，打一个电话过去，潇洒地告诉她：“我马上过去买单！”她不开心才怪！

可见，换个角度看问题，生活永远是美好的。

5 遇到问题，学会容忍

面对愤怒学会容忍，俗话说：“忍一时，风平浪静；退一步，海阔天空。”忍是理智的抉择，是成熟的表现。

生活中，面对没有变化的生活和工作环境，人难免烦躁，脾气也就随之变坏。然而，一次两次的爆发后，如果你还不加以克制，那么演变下来，就会养成暴躁的习惯。我们并非生活在真空里，因而人生总会有压力，如果一遇到不如意的事情就如爆竹一样炸裂，那么受伤的恐怕就不仅仅是身体，还有事业、家庭甚至是整个生活。

有一位年轻的妈妈，她根本不能控制自己的脾气。每当孩子淘气时，她总是大发脾气。可是，她越是发脾气，孩子们就越淘气。她带孩子，就如同带兵打仗一样，每天重复着大声叫骂，一天天下来，她累得筋疲力尽。

然而，孩子们知道自己一淘气，妈妈就会骂或惩罚自己，但只要妈妈还在骂，他们就继续着各种恶作剧。要知道愤怒根本不能使别人改变，只能使别人知道该怎样控制动怒的人。孩子们这样解释他们为什么要淘气："不管我们做什么，哪怕说一句不好的话，做一点点错事，就可以让妈妈气得发昏，会被关在屋里一会儿，但无所谓，因为过一会儿我们就又自由了，而且又要挨骂了，骂过之后就好了。我们以这么低的代价就在情绪上完全控制了她！既然我们对妈妈只能施加这么一点很小的影响，我们应多逗逗她，看看她会气成什么样。"

我们暂且不管妈妈与孩子谁是谁非，但我们可以看出，在生活中，不管对什么人暴怒，对方仍然会自行其是，而脾气暴躁的人只能独自忍受暴躁给自己带来的伤害。

这时我们该怎么办呢？古人说得好："将愤怒忍过片时，心便清凉。"也许你开始觉得自己肺都气炸了无法忍，可是忍过后才觉得没什么了不起，忍一下对自己正好是个磨炼。生气发火，往往只是一怒之下，忍无可忍。这是因为人遇到愤怒的事情时，心情比较烦躁，只觉得头脑一热，就什么都不顾了。如果这时候你能有意识地让自己冷静下来，仔细权衡利弊，沉住气，那结果就不一样了。

有一次，在公共汽车上一个男人往地上吐了一口痰，车内乘务员对他说："先生，为了保持车内的清洁卫生，请不要随地吐痰。"没想到那男人听后不仅没有道歉，反而破口大骂，说出一些不堪入耳的脏话，然后又狠狠地朝地上连吐三口痰。那位乘务员是个年轻的女孩，此时气得面色涨红，眼泪在眼圈里直转。车上的乘客议论纷纷，有为乘务员抱不平的，有帮着那个男人起哄的，也有挤过来看热闹的。大家都关心事态如何发展，有人悄悄说快告诉司机把车开到警察局去，免得一会儿在车上打起来。

没想到那位乘务员定了定神，平静地看了看那位男性，对大家说："没什么事，请大家回座位坐好，以免摔倒。"一面说，一面从口袋里拿出面纸，弯腰将地上的痰迹擦掉，丢到了垃圾桶里，然后若无其事地坚守岗位。看到这个举动，大家愣住了。车上鸦雀无声，那位男人的舌头突然"短了半截"，脸上也不自然起来，车到站没有停稳，就急忙跳下车，刚走了两步，又跑了回来，对乘务员喊了一声："大姐！我服了你了。"车上的人都笑了，七嘴八舌地夸奖这位乘务员不简单，真能忍，虽然骂不还口，却将那个小子制服了。

这位乘务员的确很有水平。她面对辱骂，如果忍不住与那个男人争辩，只能扩大事态。与之对骂，会损害自己的形象；默不作声，又显得太忍气吞声了。她请大家回座位坐好，既对大家表示了关心，又淡化了眼前这件事，还缓和了紧张的气氛。她弯腰若无其事地将痰迹擦掉，此时无声胜有声，比任何语言表达的道理都有说服力，不仅教育了那个男人，也感动了大家。

可以说，容忍不仅是对他人的奉献，还是自己摆脱烦恼的"良药"。人生在世，谁都有被谗言所诽谤、被暗箭所伤的时候，遇到令人厌烦的人和事时要学会克制自己。放眼芸芸众生，有人为了一件无关痛痒的小事，为了一己私利，就不依不饶，大动干戈；也有人对别人无意造成的小小伤害斤斤计较，以牙还牙，甚至亲兄弟之间翻脸不认人。这些闹剧的结局常常是两败俱伤，谁也得不到好处，又何苦呢？弥勒佛“大肚能容天下难容之事”，其实人人都能做“大肚”之人，只要能挣脱“小我”的羁绊，就能走出“自私”的阴影。

学会宽容、懂得忍让，人就会进入鸟语花香的新天地，就会觉得天是那么高远，地是那么广袤，一切都那么可爱。时时宽容，常常忍让，人才会达到精神上的制高点而“一览众山小”，才会宠辱不惊，心境安宁。

6 宽恕他人，造福自己

当你被怨恨、痛苦、懊恼等情绪困扰的时候，学会宽恕的确能使你获得积极的力量。

当我们受到不公平的待遇和很深的心灵创伤之后，我们自然对伤害者产生了怨恨情绪。比如：一位妇女希望她的前夫和现任妻子相处不久又闹离婚；一位男子希望那位出卖了他的朋友被解雇。怨恨是一种被动、具有侵袭性的情绪，它像一个不断长大的肿瘤，使我们失去欢笑，损害我们的健康。怨恨，更多的是危害了怨恨者自己，而不是被仇恨的人。因此，为了我们自己，必须切除这个“肿瘤”。

有一个周五的早晨，摩斯的礼品店像往常一样开业很早。摩斯静静地坐在柜台后面，欣赏着礼品店里各式各样的礼品和鲜花。

忽然，礼品店的门被推开了，走进来一位年轻人。他的脸色显得很阴沉，眼睛浏览着礼品店里的礼品和鲜花，最终将视线固定在一个精致的水晶乌龟上面。“先生，请问您想买这件礼品吗？”摩斯亲切地问道。可是，年轻人的眼光依旧很冰冷。“这件礼品多少钱？”年轻人问了一句。“50 元。”摩斯回答道。年轻人听摩斯说完后，伸手掏出 50 元甩在柜台上。

摩斯很奇怪，自从礼品店开业以来，她还从没遇到这样豪爽、慷慨的买主呢。“先生，您想将这个礼品送给谁呢？”摩斯试探地问了一句。“送给我的新娘，我们明天就要结婚了。”年轻人依旧面色冰冷地回答着。

摩斯心里咯噔一下：什么，要送一只乌龟给自己的新娘，那岂不是给他们的婚姻安上了一个定时炸弹？摩斯郑重地想了一会儿，对年轻人说：“先生，这件礼品一定要好好包装一下，才会给你的新娘带来更大的惊喜。可是今天这里没有包装盒了，请你明天再来取好吗？我一定会利用今天晚上为您赶制一个新的、漂亮的礼品盒……”“谢谢你！”年轻人说完转身走了。

第二天清晨，年轻人早早地来到了礼品店，取走了摩斯为他赶制的精致的礼品盒。

年轻人匆匆地来到了结婚礼堂——新郎不是他而是另外一个年轻人！年轻人快步跑到新娘跟前，双手将精致的礼品盒捧给新娘。而后，转身迅速地跑回了自己的家中，焦急地等待着新娘愤怒与责怪的电话。在等待中，他的泪水扑簌簌地流了下来，有些后悔自己不该这样去做。

傍晚，婚礼刚刚结束的新娘便给他打来了电话："谢谢你，谢谢你送我这样好的礼物，谢谢你终于能明白一切了，能原谅我了……"电话的另一边新娘高兴而感激地说着。年轻人万分疑惑，什么也没说，便挂断了电话。但他似乎又明白了什么，迅速地跑到了摩斯的礼品店。推开门，他惊奇地发现，在礼品店的橱窗里依旧静静地躺着那只精致的水晶乌龟！

一切都已经明白了，年轻人静静地望着眼前的摩斯。而摩斯依旧静静地坐在柜台后面，朝着年轻人轻轻地微笑了一下。年轻人冰冷的面孔终于在这瞬间变成一种感激与尊敬："谢谢你，谢谢你让我又找回了我自己。"

原谅是一种风格，宽容是一种风度，宽恕是一种风范。摩斯只是将水晶乌龟这样一件定时炸弹似的礼物换成了一对代表幸福和快乐的鸳鸯，竟在这短短的时间内最大程度上改变了一个人冰冷的内心世界。

是啊，当你被痛苦折磨得筋疲力尽时，不妨学着宽恕。"一只脚踩扁了紫罗兰，它却把香味留在那脚跟上，这就是宽恕"。

大多数人都一直以为，只要我不原谅对方，就可以让对方得到一定的教训，也就是说，"只要我不原谅你，你就没有好日子过"。其实，倒霉的人是自己，一肚子窝囊气，甚至连觉也睡不好。下次觉得自己怨恨一个人时，闭上眼睛，体会一下你的感觉，感受一下你的身体，你会发现，让别人自觉有罪，你也不会快乐。

沉浸在痛苦的回忆中是徒劳的。与其咒骂黑暗，不妨在黑暗中燃起一支明烛。宽恕能让你告别过去的灰暗情绪，重新找到积极乐观的心态。

7 事无完美，学会接受

不要指望什么事都能解决，任何事情都没有完美的，你应学会接受现实，这样你可以很快摆脱自己的愤怒。

也许你是这样的人：除非让你生气的问题能得到解决，否则你的愤怒就无法消失。对于能解决的问题来说，这也是个可行的方法。但是如果这个问题根本无法解决或无法完全解决呢？难道你要抱着自己的愤怒过一辈子吗？

现实生活中，你会遇到很多再努力也不能圆满解决的问题、冲突或者局面。这时你就必须接受这种不圆满的结果，学会打开心灵的栅栏。

当爱莉丝的丈夫迈克因脑瘤去世后，她变得异常愤怒，她憎恨孤独，憎恨生活的不公平。

一天，爱莉丝在小镇拥挤的路上开车，忽然发现一幢她喜欢的房子周围竖起一道新的栅栏。那房子已有100多年的历史，有很大的门廊，过去一直隐藏在马路后面。如今马路扩宽，街口竖起了红绿灯，小镇已颇有些城市风情，只是这座漂亮房子前的大院已被蚕食得所剩无几了。可院子总是被打扫得干干净净，里面绽放着鲜艳的花朵，爱莉丝注意到一个系着围裙、身材瘦小的女人在清扫着枯叶，侍弄鲜花，修剪草坪。

每次经过那房子，爱莉丝总要看看竖立起来的栅栏。一位年老的木匠还搭建了一个玫瑰花格架和一个凉亭，并漆成雪白色，与房子很相配。

有一天，爱莉丝在路边停下车，长久地凝视着栅栏。木匠高超的手艺令她几乎流泪。爱莉丝实在不忍离去，索性熄了火，走上前去，抚摸栅栏。它们还散发着油漆味。爱莉丝看见那女人正试图开动一台割草机。

“喂！你好！”爱莉丝一边喊一边挥着手。

“嘿，亲爱的！”那女人站起身，在围裙上擦了擦手。

“我在看你的栅栏，真是太美了。”

那女人微笑道：“来门廊上坐一会吧，我告诉你关于栅栏的故事。”

她们走上后门台阶，那女人打开栅栏门，爱莉丝不由得欣喜万分，她终于来到这座美丽房子的门廊了，她们喝着冰茶，欣赏栅栏。

“这栅栏其实不是为我设的。”那女人直率地说道，“我独自一人生活，可有许多人到这里来，他们喜欢看到真正漂亮的东西，有些人见到这栅栏后便向我挥手，几个像你这样的人甚至走进来，坐在门廊上与我聊天。”

“可面前这条路加宽后，这里发生了那么大的变化，你难道不介意？”

“变化是生活中的一部分，也是铸造个性的因素。亲爱的，当你不期望的事情发生后，你面临两个选择：要么痛苦愤懑，要么振奋前进。”

当爱莉丝起身离开时，她说：“任何时候都欢迎你来做客，请别把栅栏门关上，这样看上去让人觉得很友善。”

爱莉丝把门半掩住，然后启动车子。她内心深处有种新的感受，她无法用语言表达，只是感到，在她那颗愤懑之心的四周，一道坚硬的围墙轰然倒塌，取而代之的是整洁雪白的栅栏。

也许你所经历的事件比爱莉丝还要痛苦，也许你所经历的事件不如爱莉丝，但不管怎么样，你在下次生气的时候，问自己这样一些问题：我生气是否有助于问题的解决？生气能不能阻止已经发生的事情？换句话说，当前的问题是不是属于覆水难收的情况？如果是的话，那你就应该摆脱自己的愤怒。

8 限时生气，到此为止

我们把一次生气的时间长度定在半小时之内是比较安全的，也就是说，生气超过 25 分钟就应该算是过长了。

也许有人会问，一个人生气的时间不应该超过多长时间？生气多长时间会对一个人造成伤害？多长时间才算过长？

美国著名心理学家 W. 道尔 • 金特里博士对 286 个年龄在 13~83 岁的人进行调查，结果发现，一个人生气的时间不应该超过 25 分钟。所以，我们把一次生气的时间长度定在半小时之内是比较安全的，也就是说，生气超过 25 分钟就应该算是过长了。

对于那些真正能够掌控自己情绪的人来说，25 分钟已经算是很长时间了，他们可能根本就没有时间去生气。

有一位妇人特别喜欢为一些琐碎的小事生气。于是，她求一位禅师为自己谈禅理，开阔心胸。禅师听了她的讲述，一言不发地把她领到一座禅房中，落锁而去。

妇人气得跳脚大骂，骂了许久，禅师也不理会。妇人开始哀求，禅师仍置若罔闻。妇人终于沉默了，禅师来到门外，问她："你还生气吗？"

"我只为自己生气，我怎么会到这种地方受这份罪。"妇人说。

"连自己都不能原谅的人怎么能心如止水。"禅师说完就离开了。

过了一会，禅师又问她："还生气吗？"

"不生气了。"妇人说。

"为什么？"禅师问。

"气也没有办法了。"妇人说。

"你的气并未消失，还压在心里，爆发后会更加剧烈。"禅师说完后又离开了。

禅师第三次来到门前，妇人告诉他："我不生气了，因为这不值得生气。"

禅师微笑着说："还知道值不值得，可见心中还有衡量，还是有气根。"

当禅师的身影迎着夕阳立在门外时，妇人问禅师："大师，什么是气啊？"

妇人终于醒悟了。

为什么要生气呢？"气是别人吐出，而你却接到口里的那种东西。你吞下便会反胃，你不看它时，它就消散了。气是用别人的过错来惩罚自己的蠢行。"

在现实生活中，大多数人并没有遇到过什么大的挫折和创伤，但心却总是被愤怒紧紧缠裹着。人生本就短暂，如果我们用无比宝贵的时间去气一些本不该在意的小事情，值得吗？

爱地巴的故事就是一个很好的启示。

相传，在古老的西藏，有一个叫爱地巴的人，他每次生气和人起争执的时候，就以很快的速度跑回家去，绕着自己的房子和土地跑三圈，然后坐在田地边喘气。

爱地巴工作非常勤劳努力，他的房子越来越大，土地也越来越广。但不管土地有多大，只要与人争论生气，他还是会绕着房子和土地跑三圈。爱地巴为何每次生气都绕着房子和土地跑三圈？

所有认识他的人，心里都起疑惑，但是不管怎么问他，爱地巴都不愿意说明。直到有一天，爱地巴很老了，他的房、地也已经很大很广了。但当他生气时，还是拄着拐杖艰难地绕着土地和房子走，等他好不容易走完三圈，太阳都下山了。爱地巴独自坐在田边喘气，他的孙子在他身边恳求他："阿公，您年纪已经这么大了，这附近地区的人也没有比您的土地更大的，您不能再像从前一样，一生气就绕着土地跑啊！您可不可以告诉我这个秘密，为什么您一生气就要绕着土地跑上三圈？"

爱地巴经不起孙子恳求，终于说出隐藏在心中多年的秘密。他说："年轻时，我一和别人吵架、争论、生气，就绕着房地跑三圈。边跑边想，我的房子这么小、土地这么小，我哪有时间、哪有资格去跟人家生气？一想到这里，气就消了，于是就把所有时间用来努力劳作。"

孙子问道："阿公，您年纪这么大了，又变成最富有的人，为什么还要绕着房子和土地走呢？"

爱地巴笑着说："我现在还是会生气，生气时绕着房子和土地走三圈，边走边想，我的房子这么大、土地这么多，我又何必跟人计较？一想到这里，气也就消了。”

爱地巴老人不失为一个深谙人生智慧的人，他懂得如何适时调节自己的情绪，减少生气的时间。

对于多数现代人来说，想要不生气的确很难，那么最好的办法就是把 25 分钟的时限作为生气时的一个原则。下次你生气的时候，看看表，记住是几点。如果你没带表，问问让你生气的人现在是几点。不断地看时间，以便到了 25 分钟的时候能及时知道。如果到那时你已经消气了，那最好。如果没有，那就大声对自己说："到此为止吧！"然后丢掉愤怒，去做该做的事情。

9 生气可解，不气亦能

生气能解决的问题，不生气也能解决。

多数情况下，人在生气的时候会把问题弄糟。有些年轻人遇到不顺心的事时，就会发脾气、打架，甚至摔东西。这样是不好的，发脾气只会把事情弄得更糟。

比如说，在公共汽车上，一个人看见有一个空位就立马坐了上去。不一会儿，这个座位的主人来了，说："你怎么坐我的位置？滚开！"坐着的人说："这哪里写着你的名字呢？你欠揍吧！"这样两个人可能会打起来。显然，生气是不可以解决问题的。你应该和对方心平气和地谈。如果你坐了别人的位置，那个人来了，说：

“不好意思，你坐到我的位置了。”这时你不好意思地说：“对不起，你坐吧！”这样怎么还会打起来呢?

在有些情况下，愤怒也可以有建设性的作用，但是在生活中，靠生气能办到的事情，不生气也能办到。

人们似乎人为地在“发脾气”和“办成事情”之间建立了联结。于是只要我们面临问题，愤怒情绪就会自动地出现，心理学家将这种情况称为“迷信强化”。换句话说，我们认为愤怒对于每天的生存是必需的，而实际情况并不是这样。

希吉尔先生是一家大型超级市场的老板，他每天都会去巡视店面。一个月前，希吉尔先生因为突发心脏病而被送进医院接受治疗。

由于泰得医生与希吉尔先生认识的时间很长，知道希吉尔先生是个易激动、脾气暴躁的男人，便劝告他说：“如果您还想每天起床后再看见自己的亲人和您的超市的话，您就必须在发脾气前做深呼吸，再想出一个能缓解怒气的办法。如果您不这么办的话，我只能为您物色一位好牧师了，因为您的病只能靠您自己和上帝了。”

在希吉尔先生出院后的第一天，他就一大早来到超市，有好几个星期没看见他的超市和员工了，而他更希望看见超市里有川流不息的人群。

希吉尔走到一个货架前，发现有位女士想买鞋子，等了很久没有人招呼她，而店员也都不在工作岗位上。他发现他们并不是因为忙碌而不能分身，而是簇拥在一起聊天。这时他的心跳开始加速，呼吸也不顺畅了。他想起了泰得医生的话，迈着缓慢的步伐走到那位女士面前，蹲下身子为她试穿她想要的鞋，然后交给店员去包装，之后便离开了那里。

当他做完这些后，他觉得也没什么可值得生气的了。他到了

50 岁才第一次发现，原来不生气也可以解决问题。

现在，你就来想想自己最后一次发火是什么时候。是什么问题让你生气？你能不能不生气而以其他方式解决问题？说实话，你的愤怒是帮助还是阻碍了问题的解决？答案绝对是后者。

在人类历史的某个时候，愤怒无疑是有其作用的，这种作用主要和人的生存有关。但是如今，愤怒几乎已经没有什么作用了。很多情况下，愤怒只能被看成是一个坏习惯。

第六章　掌控焦虑，身心合一

焦虑是一种非常痛苦的体验，从小到大我们所受的教育总是教导我们如何去回避、忽略焦虑的情绪，甚至是干脆否认它的存在。然而，这种视而不见的态度根本不能解决问题。实际上，焦虑的情绪非但不会消失，反而会随着时间的流逝而愈演愈烈。在惊慌不安、恐惧和普遍焦虑的情况下，个别人会行为失控，而保持对焦虑的控制，才能为生存提供重要的帮助。

1 适度焦虑，中庸之道

焦虑是人处于压力状态时的正常反应，适度的焦虑可以唤起人的警觉，让人集中注意力，且能激发人的斗志。但是焦虑要适可而止，过度的焦虑会影响人的身心健康。

每个人在生活中都有过这种体会：在面临一些即将发生又难以掌握结局的事件时，常常会产生紧张、担忧、烦躁不安等情绪，而这种不安的反应就是焦虑。

很多人在产生焦虑情绪时，往往不晓得自己正处于焦虑状态。

孩子说："明天公布考试成绩，我今晚一定睡不好！"

妈妈说："看着孩子的功课一天比一天退步，我不知道该怎么办才好。"

先生说："最近业绩不好，回到公司都感到战战兢兢。"

"睡不好""不知该怎么办好""战战兢兢""坐立难安"，都表示心中有焦虑。

当一个人心中感到焦虑，意味着他有压力了。因为焦虑是人处在压力之下的一种生理及情绪上的不愉快、不舒服的感觉。换言之，"公布考试成绩""孩子功课退步""工作表现欠佳"等，已经变成压力事件了！

焦虑是一种复杂的心理，它始于对某种事物的热烈期盼，形成于担心失去这些期待、希望。焦虑不只停留于内心活动，如烦躁、压抑、愁苦，还常外显为行为方式，表现在不能集中精神工作、坐立不安、失眠或梦中惊醒等。

焦虑是人们对于可能造成心理冲突或挫折的某种特殊事物或情境进行反应时的一种状态，同时带有某种不愉快的情绪体验。这些事物或情境包括一些可能即将来临的危险或灾难，或需付出特殊努力加以应付的事物。如果对此无法预计其结果，不能采取有效措施加以防止或予以解决，这时心理的紧张和期待就会产生焦虑反应。

焦虑究竟是一种什么样的感受呢？不妨想一想过去的经历：

小时候，你做了错事，不敢回家，怕回去爸爸打屁股。后来不得已，还是回到家里时，听到爸爸下班进门时的咳嗽声，你当时的心情就是一种典型的焦虑。

想一想第一次约会的时刻，心中小鹿乱撞，心跳加快，坐立不安，说话也结结巴巴、语无伦次……这也是焦虑。

你要参加一场运动比赛，或者参加一次重要的考试，毕业要分配工作，或者去参加面试，或者住医院要做手术……这时，正常人都会心跳加快、呼吸加快、肌肉紧张……只有出现这样的表现，才能调动身体各项功能的积极性。

焦虑和抑郁一样，有时候是疾病，但焦虑并不完全是坏事，

适当的焦虑，往往能够促使人鼓足力量，去应付即将发生的危险。或者说，焦虑是一种积极面对压力的本能，它能使我们身体的综合能力发挥得更好。

运动员参加百米赛跑，起跑之前，他们就开始紧张，肾上腺素分泌增加、心跳加快、肌肉紧张，全身所有的器官立即进入“备战”状态，这时，只要听到信号枪响，他们就像离弦之箭般冲出去。

学生参加考试，考前几天比较容易焦虑，结果是学习效率高了，

平常不容易记住的东西一下子就记住了。这样就能够比较快地做好考试前的各项准备，进入考试状态。

这种短时间的焦虑，对身心、生活、工作没有什么妨碍；但是长时间的焦虑，能使人面容憔悴，体重下降，甚至诱发疾病，给身心健康带来影响。

如果一个人久陷焦虑情绪而不能自拔，内心便常常会被不安、恐惧、烦恼所累，行为上就会出现退避、消沉、冷漠等。而且由于愿望的受阻，常常会懊悔、自我谴责，久而久之，便会导致精神异常。

有一个小职员在一次看戏时，不小心打了一个喷嚏，结果口水正巧溅到了前排一位长官的脑袋上。小职员十分惶恐，赶紧向长官道歉，那位长官没说什么。

小职员不知长官是否原谅了他，结束后又去道歉。长官说："算了，就这样吧。"

这话让小职员心里更不踏实了。他一夜没睡好，第二天又去赔不是。这位长官不耐烦了，让他"闭嘴、出去"。

小职员心想，这回一定是得罪长官了，他又想方设法去道歉。

就这样，小职员因为一个喷嚏，背上了沉重的心理负担。最后，他整个人的精神都变得不正常了。

显然，焦虑不可过度。它就像是一条橡皮筋，如果拉得太紧，它会断掉；如果拉得不够紧，它的张力又得不到最大限度的发挥。因此，我们应该保持适度的焦虑，这才是管理焦虑的中庸之道。

2 调整步调，小憩片刻

焦虑是一种习惯，放松也是一种习惯。坏习惯可以改正，好习惯可以慢慢养成。

弦总是紧绷着，是容易断的；一辆马力经常加到极限的车，不会用得太久；一块发条永远上到极限的表，不会走得太久；一个人过于焦虑就容易生病。所以，善于开车的人不会把车开得过快；善用弓的人不会把弦绷得太紧；善用表的人不会把发条上得过度；善管理情绪的人不会让自己处于焦虑中。

在竞争越来越激烈的现代社会中，要想生活得轻松自在一些，就应该放松情绪上的弦，减少自己的焦虑。

有一位生意人，他在事业上十分成功，但却一直未学会如何放松自己。他总是把工作上的紧张气氛从办公室带回家里。

他刚刚下班回到家，进了餐厅。餐厅的家具十分华丽，但他根本没去注意它们。他在餐桌前坐下来，但心情十分焦虑不安，于是又站了起来，在房间里走来走去。他心不在焉地敲敲桌面，差点被椅子绊倒。

他的妻子这时候走了进来，在餐桌前坐下。他和妻子打了声招呼，然后用手敲桌面，直到一名用人把晚餐端上来为止。他很快地把东西一一吞下。

吃完晚餐后，他立刻起身走进起居室。起居室装饰得十分美丽，有一张长而漂亮的沙发，华丽的真皮椅子，地板铺着高级地毯，墙上挂着名画。他把自己投进一张椅子中，几乎在同一时刻拿起一份报纸。他匆忙地翻了几页，瞄了瞄新闻标题，然后把报纸丢到地上，拿起一根雪茄，引燃后抽了两口，便把它放到烟灰缸里。

他不知道自己该怎么办。他突然跳了起来，走到电视机前，打开电视机，等到影像出现时，又很不耐烦地把它关掉。他大步走到客厅的衣架前，抓起他的帽子和外衣，走到屋外散步去了。

他这样子已有好几百次了。他没有经济上的问题，他的家是室内设计师的梦想，拥有两部汽车，事事都有用人服侍，但他就是无法放松心情。

我们从故事中可以看出，这个生意人所有的问题都在于他的焦虑情绪。他之所以烦乱地生活，是因为他没有掌握放松自己的秘诀。

与这个生意人一样，很多现代人也找不到缓解焦虑的窍门。其实办法很简单，就是学会调整步调，小憩片刻。

调整步调意味着用最适合的节奏生活。每一天安排太多的活动而没有休息会让人感觉筋疲力尽、压力重重、焦虑不安，甚至可能会生病。如果活动不充足的话，也会使生活枯燥而没有热情。很多有焦虑障碍的人生活步调往往太快，盲目地跟随着社会告诉我们的准则，不论代价是什么，一定要多做、多成功、超越他人。经由参照外在标准，你可能会强加给自己快节奏的生活，而这种节奏其他人能做到，但对你就是不合适。你应该找到最适合你自己的节奏。

你想要达到深度放松和内心平静的状态，时间表中就要安排各种休息、反思和随便自己怎么样的时间。如果你每天都非常忙碌，那就尝试着放慢节奏，争取每个小时或至少每两个小时休息 5~10 分钟。

当你从一个活动转到另一个活动时，小憩片刻特别有帮助。比如，早晨锻炼身体后，休息一会儿再去上班；或者做好饭后，休息一会儿再坐下吃饭。在休息的时候，你可以做腹式呼吸、冥想、散步，做几个瑜伽伸展动作，或者任何其他有助于你恢复活力、放松、清醒头脑的活动。

第二次世界大战时，有一次丘吉尔和蒙哥马利闲谈，蒙哥马利说："我不喝酒，不抽烟，到晚上 10 点钟准时睡觉，所以我现在还是百分之百的健康。"丘吉尔却说："我刚巧与你相反，我既抽烟，又喝酒，而且从来都没准时睡过觉，但我现在却是百分之二百的健康。"蒙哥马利感到很吃惊，像丘吉尔这样工作繁忙紧张的政治家，生活如果没有规律，哪里会有百分之二百的健康呢?

其实，这其中的秘密就在于丘吉尔能经常放松自己。即使在战事紧张的周末，他还是照样去游泳；在选举战白热化的时候他照样去垂钓；他一下台就去画画；工作再忙，他也不忘叼一支雪茄放松心情。

在忙碌的工作节奏中安排短暂的休息时间，你会发现你有一些非常不同的感觉。你会惊奇地发现，你做的事情还是那么多，甚至更多了，因为你在工作时更有精力，思路也更清晰了。在工作中小憩片刻、重组思路听起来很简单，但在执行时你还是要投入。你会发现这种努力是值得的。

对于一个成功者来说，他的人生永远不会是忙碌到抽不出一点休息和放松的时间的。只要你能在这个忙碌的世界中学会放松心情，你就是一个幸运者，你将会幸福无比。

3 简单生活，好处多多

简单生活的目的，是把你从那些耗尽了你的时间、精力和金钱的活动中解放出来。

现实生活中，我们承担了过于繁重的财务压力和人生责任，生活充斥着过度的物质需求，这是现代社会焦虑的一个重要原因。只要我们生活得越简单，我们获得的幸福就越多。

有时候，简单的生活似乎是遥不可及的。有太多的杂物塞满了自己的生活，有太多的事情需要去完成，它们就像山一样压在自己的肩上。

要过简单的生活，不需要也不可能立刻就改善，只有循序渐进，每次做一件事，才能达到目标。事实上，你只要抛弃一些鸡毛蒜皮的小事，做一些重要的事情，就能开始过简单轻松的生活。

那么，我们如何让自己的生活变得更简单呢？

1. 丢掉你不需要的东西。检查一下你家里所有的东西，看看哪些是有用的，需要保留，哪些只会占据空间。一般而言，为了减少杂七杂八的东西，丢掉所有你一年以上没有使用的东西，当然，那些凝聚着感情的物品除外。

2. 不要盲目购物。有一种控制盲目购物的好方法，就是让你的购买行为变得麻烦一点。比如，你可以把现金和信用卡甚至手机留在家里再去逛街。此外，当你没有事情的时候，最好是找些别的消遣方式，比如找朋友聊天、看电影、看书等。当你确实需要购物的时候，可找一个善于理财的朋友和你一起去，他能随时提醒你，哪些东西是可有可无的，不一定非买不可。最后你买到的一定是你真正需要的东西。

3. 降低生活需求。太多的物品会造成压迫感。舍弃那些不必要的杂物，你会全身轻松，过得单纯而自在。当开始实行简约生活后，你一定会觉得，自己整理房子是一件很轻松的事。你不必再为了找个称职的司机而东奔西跑；当你的应酬减少了以后，你的衣柜也可以缩减到最小的状态；当你的人际关系单纯化之后，你也不需要去看心理医生了。我们每个人都必须做出决定：你是选择让物品和应酬的增加成为一种负担，还是停止增加这些东西，使生活简单、单纯？这都看你自己的选择。

4. 给自己更多的自由时间。简化生活的一个重要方法就是让你的时间更自由，这样你就有更多时间做自己想做的事。不幸的是，你可能甚至找不到时间来想想如何简化你的生活。如果是这种情况，你至少需要每天腾出 30 分钟来想想如何简化你的生活。或者，花一个星期来思考这个问题。怎么样才能每天腾出 30 分钟呢？很简单，早起一会，少看手机，断开互联网，每天只查一次电子邮件，每天比前一天少做一件事。

一个人在生活中如果无所适从，那就失去了激励自己的动力。当你的生活简化以后，你就会集中于一点。生活的目标越是专注，激励自己的动力就越强大。

4 早年经历，重新审视

学会用成熟的方式去重新评价儿时的经历，并学会客观评价自己的本我和超我，有助于我们走出焦虑的低谷。

人在探索自身时常常会遇到许多干扰，其中，一个最主要的干扰便来自早年的创伤性经历。这种创伤性经历分作两种：

第一种创伤性经历是微小生活事件引起的精神创伤，是指由那种单独看都不大，但日积月累却会腐蚀人的生活与心灵的事件，如父母对孩子的苛求。

生活中，很多父母认为，别的孩子会的，自己的孩子要会；别的孩子不会的，自己的孩子也要会，且样样都得精通。这就像一个寓言故事说的一样："有一个国王让一位神箭手射箭，他对神箭手说，'我这儿有三支箭，只要你每根箭都射中 10 环，你就会得到 100 万元，可是你若有一箭射不中 10 环，那你就得死'。于是这个箭手怀着既激动又恐惧的心情，射出了前两支箭，而且都射中了。可是当他射出第三支箭的时候，却恰恰远离了箭靶。最终，神箭手死了。"

就像国王对那个神箭手一样，很多家长对孩子也有这样的要求。由于有了一个"高标准"，父母总是对孩子的表现不满意、不认可，而这些高标准的要求常常超出孩子的实际能力。久而久之，孩子会因为自己不能实现预期的目标，自信心受损，内心焦躁不安。如果父母平时还总是辅以恐吓或粗暴的惩罚手段来教育孩子，那么孩子在长大以后再做某一件事情时，就总会显得焦虑不安。

在微小生活事件创伤的积累下，一个人会渐渐地把来自外界的苛求或冷淡转化为对待自己的方式和态度，从而有可能比别人更严格要求自己，或者走向另一个极端——自暴自弃，放任自流。这种微小精神创伤对人心理的消极影响有一个从量变到质变的过程，因而对其不能掉以轻心。

第二种创伤性经历是指重大生活事件引起的创伤，如年幼时经历的生老病死或遇到的虐待以及意外事件等。

大明星汤姆·克鲁斯是很多人心中的偶像。而在克鲁斯口中，他的父亲是“流氓”和“胆小鬼”，因为年少时，克鲁斯曾饱受父亲的虐待。此外，在学校里，克鲁斯也经常被同学欺负。

“他是个恶棍、胆小鬼。他是那种要是有什么事情不顺心就会踢人的人。他总是先哄你，让你放松警惕，然后一下子又翻脸。那段经历为我的人生好好地上了一课。”在接受媒体采访时，汤姆·克鲁斯这样形容他的父亲。也就是从那时起，克鲁斯就知道应该时时提防自己的父亲：“我那时就明白，这个家伙不对劲，不能相信他，跟他在一起时要小心点。我一直处于这种焦虑中。”

离开家去读书后，学校并没有成为小克鲁斯逃离家庭噩梦的乐园。他常在学校里被欺负。“那些大个子经常找我麻烦，推我。我胆战心惊，冷汗直冒，感觉想吐……”克鲁斯回忆说。

一般而言，早年经历中的重大生活事件往往造成强烈的自责感。儿时生活事件的印象本来就强烈，儿童因为年龄太小，往往会把重大生活事件的发生看成是自己的错误或责任，有时甚至会把自己身上发生的创伤性事件解释为自己罪有应得。

在漫长的人生道路上，不论带着哪一种创伤的阴影上路，都会妨碍他们日后对自身的客观了解。早年的创伤性经历会使他们丧失对自己的信心和判断力，他们即使知道自己的一些要求想法并没有错，但也会自责；即使知道自己的父亲或其他人不对，但仍会身不由己地去服从。而且这类人会比一般人更容易陷入病态焦虑。

因此，有过创伤性经历的人如果想试图了解自己，最好求助于专业人员即心理医生的指导，学会用成熟的方式去重新评价儿时的经历，客观评价自己的本我和超我。

5 正视需要，满足自己

正视并建设性地满足自己的需要是缓解焦虑的好方法。

人的心理问题，与人的需要满足与否存在着密切的关系。

美国心理学家马斯洛指出，个体的成长与发展的内在力量是动机。而动机由多种不同性质的需求组成，各种需求之间，有先后顺序与高低层次之分。每一层次的需求与满足，将决定个体人格发展的境界或程度。

马斯洛认为，人类的需求是分层次的，由高到低。

1. **自我实现的需求。**自我实现的需求是一个人最高层次的需求，它是指实现个人理想、抱负，发挥个人的能力到最大程度，达到自我实现的境界。这类人接纳自己也接受他人，解决问题的能力较强，自觉性很高，善于独立处事，要求不受打扰的独处，会努力完成与自己的能力相称的一切事情。也就是说，人必须做称职的工作，这样才会使他们感到最大的快乐。马斯洛提出，为满足自我实现需求所采取的途径是因人而异的。自我实现的需求是努力发挥自己的潜力，让自己努力成为自己所期望成为的人。

2. 审美的需求。审美的需求指体验真、善、美的需求。比如说，优美的自然景色及友爱、真诚的人际关系，都能使我们的审美需求得到极大的满足，使我们的心情宁静或愉悦。而连绵阴雨的环境以及长时间置身于复杂的人际中，会使人的审美需求受挫，心情也会变得焦灼不安。

3. 认知的需求。马斯洛认为，认知需求所遭遇的任何威胁、剥夺或阻碍，都会间接地威胁到各种基本需求。人的认知需求受挫，就难以和环境发生有效的相互作用，人就会丧失生活的兴趣并难以有效满足自己的其他需求。

4. 尊重的需求。人人都希望自己有稳定的社会地位，要求个人的能力和成就得到社会的承认。尊重的需求又可分为内部尊重和外部尊重。内部尊重是指一个人希望在各种不同情境中有实力、能胜任、充满信心、能独立自主。总之，内部尊重就是人的自尊。外部尊重是指一个人希望有地位、有威信，受到别人的尊重、信赖和高度评价。马斯洛认为，尊重需求得到满足，能使人对自己充满信心，对社会满怀热情，体验到自己生存的用处和价值。

5. 情感和归属的需求。人人都希望得到相互的关怀和照顾。感情上的需求比生理上的需求来得细致，它和一个人的生理特性、经历、教育、宗教信仰都有关系。

6. 安全需求。安全的需求要求劳动安全、职业安全、生活稳定，希望免于灾难、希望未来有保障等。马斯洛认为，整个有机体是一个追求安全的机制，人的感受器官、效应器官、智能和其他能量主要是寻求安全的工具，甚至可以把科学和人生观都看成是满足安全需求的一部分。当然，当这种需求一旦得到相对满足后，也就不再成为激励因素了。

7. **生理需求。**生理需求是维持人类自身生存的基本需求，是人类最原始、最基本的需求。如对衣、食、住、行的需求等，满足这些对于生存来说是必不可少的。

一般来说，人是递次满足自己的需求的。通常，低层次需求未被满足时，人是不会产生高层次需求的。

马斯洛将以上七种需求分作两大类：

第一类是基本需求（也叫匮乏性需求），分别是生理需求、安全需求、情感和归属的需求以及尊严的需求。匮乏性需求导致匮乏性动机，匮乏性动机促使人去获取他们匮乏的东西。

第二类是超越性需求（也叫成长需求），它们是尊重、认知、审美、自我实现的需求。成长需求导致成长动机，成长动机促使人认识自己和世界并努力发挥自身的潜能。

马斯洛认为，匮乏性需求未被满足会导致心理疾病。因此，满足匮乏性需求可以避免心理疾病，而满足成长需求则能够产生积极的心理健康状态。换句话说，一个人要想避免心理疾病，就要满足自己的基本需求；而一个人要想获得心理健康，就要满足自己的成长需求。

那么，马斯洛需求层次论在帮助我们预防并应付过度焦虑方面有哪些意义？

1. **所有的需求都应得到正视和满足。**需求是客观存在的，是人的生理和心理规律之一。对于规律，我们只能加以了解、尊重和服从，否则，我们就很可能会遭受惩罚。比如说，现在很多中年人经常熬夜、加班工作，不顾身体（基本需求），只顾工作（自我实现需求），结果就产生了紧张、不安、担心等焦虑情绪。而现在很多年轻人只顾满足物质欲望（基本需求），而忽视内心的成长需求，日后就有可能被空虚与无意义感所纠缠，从而陷入焦虑。

因此，要想让自己心理健康，我们就有必要对自己的需求加以正视和尊重，在满足基本需求的同时，兼顾其他需求，不要因对需求过分地厚此薄彼而给自己留下隐患。

2. 人有责任满足自己的需求。满足自身需求是我们对自己应负的责任之一。

尽管从大的方面说，人的需求的满足取决于社会和个人两方面，如果一个人有幸生活在一个能有效满足自身需求的家庭与社会中当然很好，但如果一个人没那么幸运，那该怎么办？最好的办法就是从现在起，自己承担起满足自己需求的责任。经过一段时间后，你会发现，越是有能力满足自身需求的人，社会给予他的越多；而越是依赖社会满足自身需求的人，他从社会中所能得到的越少。

因此，承担起满足自身基本需求与成长需求的责任，是最利于我们成长的建设性选择。

6 平心静气，自由呼吸

每当困难重重、无法脱身的时候，每当心情焦虑、郁郁寡欢的时候，学会自由自在地呼吸是至关重要的。

虽然每个人都有自己的处世哲学和不同的人生经验，但是却很少有人精于调整自己的焦虑情绪——不知道如何让自己从焦虑的情绪中解脱出来。即便有时候自己也试图控制焦虑，但是常常手足无措，根本不知道该从何做起。

那么，每当我们心情焦虑或者钻牛角尖的时候，有没有快速的解决方法?

在这里我们推荐一种基本的心态调整方法。具体为：将着眼点从当前越来越狭隘的具体的事件中挣脱出来，平心静气地拓宽自己关注的思维维度，对眼前所见、心中所思采用扩散型思维方式。你会惊奇地发现，一旦心地柔和、眼界宽广，心情就好多了。

在这个过程中，首先要做到深呼吸。深呼吸可以有效消除焦虑情绪，缓解压力。比方说，当你准备参加演讲或者面试感到紧张的时候，又或者正因为某个难题而感到焦虑的时候，停下来，做几次深呼吸，你会顿时感到身体松弛，不那么紧张了，精神状态瞬间得到很大的改善。具体方法如下：

首先，选择一个舒服的姿势，有三种好的方法：一是全身平躺；二是坐着，后背可以靠着，放松身体；三是盘腿坐着。保持顺其自然的态度（不强求、不分心）。

其次，将注意力集中在呼吸上。呼吸是一个平静、自然的过程，可采用想象的方式：想象你吸入的空气是云彩，云彩飘近你，充满你，然后离开你；想象你的腹部是一个气球，在你吸气时腹部像气球一样鼓起来，呼气时候扁下去；在吸气的时候对自己说“进”，呼气的时候说“出”；慢慢地从 10 倒数到 1，清醒而平静地回到现实世界。睡不着时也可以采用这种呼吸方式放松。呼吸时不要用力，更不要憋气。

在你感到焦虑，看待问题和思维方式都越发狭隘的情况下，不妨试着深呼吸，调整一下自己越发紧张的心理。事后证明，这样的调整常常不会耽误事态的正常发展，正所谓“磨刀不误砍柴工”。

第七章　疏解不满，情绪自合

不满情绪是一种负面情绪，但负面情绪并不只具有破坏性，许多时候它也是一个迈向更高境界的踏板。我们正视它，就能从中发现隐藏的顽疾，让我们能够不断改进，并防患于未然。将负面的事物从心里驱赶出去，然后积极的事物才会溢满心田。

1 勿积不满，否则难办

我们每个人在生活的各个方面都可能有不满或者产生矛盾的情绪，我们应该首先懂得自我调节，把握好情绪危机的脉搏。

如果一对夫妻三天一小吵，五天一大闹，我们大概都认为他们的婚姻很难谈得上和睦、幸福。但如果一对夫妻从不争吵，我们是否可以说，他们的婚姻一定幸福呢？答案是：否。心理学研究表明，如果夫妻间没有表达其不满情绪的渠道，或者是长期压抑自己的不满情绪，其婚姻的质量必然不高，甚至不如经常吵闹的婚姻。心理学家雷曼德•诺瓦克说："一个健全的关系依赖于双方表达愤怒和互相给予负反馈的能力。"

如果一个人长期将自己的不满情绪积压，很容易变得暴躁、焦虑、抑郁，这不仅对自身的健康不利，还会影响到与家人或朋友的关系。

当然，一些不满情绪并不仅仅具有破坏性，许多时候它是一个迈向更高境界的踏板。我们正视它，就能使我们不断改进，并防患于未然。将负面的事物从心里驱赶出去，然后积极的事物才会溢满心田。

有一个想学禅的人多次去找大师，希望能教他学禅，但大师一直不表态。这一天，这个人又来了。大师为他倒茶，水已经溢出茶碗，流了出来，可大师还在往里倒。

这个人就说："大师，水已经满了，怎么您还往里倒？"

大师说："是啊，一个装满旧水的杯子，怎么能再倒进新水呢！"

这个人听后立刻开悟了。压抑和隐藏只能将不满情绪埋得更深，却不能让它们消失。而且随着不满情绪的积累，正面的、积极的、有益于我们成长的情绪在内心所拥有的空间会越来越少。所以，我们开发积极心态的第一步是先让不满情绪释放出来。

如果把心灵比喻成镜子，每天都会有尘埃落在上面，我们需要常常擦拭，才能保持心理健康。而且，人也具备自我心理调节的能力。当不良的情绪控制着思维的时候，一定要懂得去倾诉。如果是两个人之间的矛盾或者不满，一定要懂得和对方冷静地沟通。但是如果不满的情绪长时间没有减轻的迹象，就需要咨询心理医生了。

以下具体方法可供参考：

1. 找一个假设的宣泄对象。你可以将某一物体（如棉被或沙袋）假设为怨恨的对象，对其拳打脚踢。在影视作品中我们常可见到主角因愤怒而猛击沙袋，这就是一种宣泄愤怒的方式。

美国的一位退休科学家年轻时曾患精神分裂症，在一家精神病院里的暴力患者病房待了 4 年。有一天，一个护士把他从捆绑的病床上解开，递给他一个塑胶盘子，对他说："把它朝墙上丢吧，亲爱的。"他开始试着转移自己的愤怒，并很快就康复了。所以这种宣泄方式被证实是有效的，只是以不破坏财物为前提。

2. 找人倾诉。如果把委屈和怨恨埋在心里，没有向人诉说，会使人"憋得慌"，从而导致一些不良后果。如果向别人诉说了，得到别人的理解、同情、指点，心里就会舒坦多了，原先偏激的想法也会消失。亲友对其偏激的想法会给予劝阻，甚至会采取一些预防措施，这样也会避免一些不该发生的恶性事件。

如果身边没有可以交流的亲友，也可以采用写信的方式宣泄。因为当你耐下性子写出一封长信，第二天平静下来读一读时，可能会觉得当时的想法十分可笑，甚至十分可怕。

3. 寻求心理医生的帮助。要是觉得自己无法摆脱这种心理，但又深刻了解了这种病态心理的危害，不妨请心理医生指导，根据个人情况的不同，制订适合个人心理的调适方案。相信对不满情绪的治疗有很大的好处。必要时，心理医生可能会开出治疗药物，这样可以减少你的冲动行为。

2 看开问题，生活惬意

学会体谅、信任、宽容，让自己不再那么鲁莽、幼稚；学会看开身边那些不重要的事情，让自己活得更开心、更快乐。

在日常生活中，总有许多人遇事不能释怀，看不开，放不下，所以他们情绪起伏不定，经常发泄不满情绪。如果你也是这样，现在，就请记住一句话：不满是用别人的过错来惩罚自己。

常言道：“退一步海阔天空。”而现实生活中，有的人就是不肯退这一步，即人们说的“看不开”。结果，往往贻误了事态的好转，甚至作茧自缚导致一幕幕人间悲剧。

为什么现代人越来越看不开呢？

1. **心理消极。**看不开的人往往性格内向，情绪消沉，自信心不足，心胸狭隘，常常以消极的态度看待事物，既不善于思考也不敢思考，对事物的结局异常悲观。

2. **偏执人格。**看不开往往是把思维停留在某一点上，无论别人如何劝导也死抱着不放，不轻易改变自己的态度和认知，并沿着自己的错误认知走下去，有的人甚至碰得头破血流也不回头。

3. **固定思维。**思维方式僵化，思考问题都是走同一条路，缺少变通和应变能力，形成了固定的思维模式，认识、处理事物的能力永远停滞在一个水平，限制了思维的广度和深度，使问题的解决从开始就处于盲目难解的状态，自己也陷于其中不能自拔。

4. **不思进取。**良好的思维质量和灵活的思维方式是在实践和学习中锻炼出来的。由于消极心理的作用，想不开的人心存惰性、不思进取、不愿学习锻炼解决问题的方法和能力，使自己永远处在看不开的状态中。

5. **自我干扰。**有的问题只要我们稍微改变一下思维，就会跳出狭隘的圈子，事情也会出现转机。这在旁观者看来是极清楚的，可是当事者执迷不悟，排斥正确意见，“一叶障目，不见泰山”，把问题看得那么死，抓得那么紧。

世上没有人每天的日子都晴空万里。一个乐观聪明的人懂得去寻找快乐，并放大快乐来驱散愁云。遇上高兴的事，他会迅速告诉亲人和朋友，在分享中把快乐带给更多的人。他不会给自己和家人设置心灵障碍，不会让鸡毛蒜皮的小事杂陈于心头，他会定期清理心里的垃圾。

有些人喜欢说“看破红尘”，其实“红尘”是不能“看破”的，应该是“看开了”。因为一看破就会消极，无所作为。但人也不能斤斤计较，不然就会时时不愉快，常常痛苦。

“看开”就是说，我不会常常倒霉，就这次遇到的事情，别人也碰到过，只是我不知道而已。这样大家就不会觉得别人都那么好运，只有自己那么不幸了。有时大家看见一个人总是穿戴得整整齐齐，面带笑容，讲话也很有精神，觉得这个人好像从来没有遇到过不幸。其实当他遭遇不幸的时候，当他在家里受疾病折磨的时候，大家并不在场，也没有看到，只是他早就“看开了”。

梅琳是一个寡妇，为了抚养儿子长大成人，辛辛苦苦地教书赚钱。儿子大学毕业后，又被送到英国留学。完成学业后，儿子到美国加州的一个不错的公司上班、赚钱、买房子，也在那里娶妻生子，拥有了美满的家庭和辉煌的事业。

梅琳为此欣慰不已，打算退休后，带着退休金前往加州与儿子媳妇一家人团圆，每天早晨可以到公园散步，也可以在家享受含饴弄孙之乐。

于是，她在距离退休不到三个月的时候，写了一封信给儿子并告诉他，她就要飞往加州和他们一家团聚。信寄出后，她一面等待儿子的回信，一面把产业、事务逐一处理。

不久，她接到儿子从加州寄来的一封回信。信一打开，有一张支票掉落下来。她捡起来一看，是一张 3 万美元的支票。她觉得很奇怪，儿子从来不寄钱给她，而且自己就要到加州去了，怎么还寄支票来？莫非是要给她买机票用的？梅琳心中涌上一丝喜悦，赶快去读信。

只见信上写道：“妈妈！经过我们讨论，结果还是不欢迎你来加州同住。如果你认为你对我有养育之恩，以市价计算，约为 2 万多美元，现在我加了一些，寄上一张 3 万美元的支票给你，希望你以后不要再写信来打扰我们。”

梅琳的一颗心从欣喜的巅峰，坠入了痛苦的谷底。自己辛辛苦苦地抚养儿子，最终他却如此忘恩负义。梅琳的眼泪瞬间流淌出来，想到自己一生守寡，从此老年凄凉，如风中残烛，她实在难以接受这个事实。

梅琳心情沉重，几乎难以自拔。一天下来，她就苍老了很多。通过客厅的窗，梅琳望着红彤彤的夕阳，忽然有所觉悟。梅琳想道：自己一生劳碌，从来没有一天轻松的生活，而退休后，将无事一身轻，何不出去透透气？很快，她就振作起来，为自己规划了一趟环游世界之旅。

在旅行中，她见到大地之美，看到各地的居民不同的生活状态，于是她又寄了一封信给她的儿子。信上写道：“你要我别再写信给你，那么这封信就当作是以前所写的信的补充文字好了。我接到了你寄来的支票，并用这张支票规划了一次成功的世界之旅。在旅行中，我忽然觉悟。我非常感谢你，感谢你让我懂得放宽自己的胸襟，让我看到天地之大及大自然之美。”

老人因为子女不孝而痛苦一生的事情，听来并不稀奇。这些子女的行为的确令人发指，但是作为父母，如果看不开、想不通，必然心中怒不可遏，一旦怒气难消，必因怨恨攻心而后果不堪设想。

梅琳在经历了那段痛苦的思想挣扎后，选择了明智地对待事实本身。生命之舟已然负重，又何必和自己过不去，让它更加沉重，直至超载呢？

对于我们每个人来说，在今后的生活中，遇事一定要看开一点，唯有心静如水、接受现实、顺其自然才是正确的选择。

3 虚心随和，快乐加倍

> 不轻易露出自己的不满情绪，采取虚心、随和的态度将使你与他人的合作更加愉快。

在现实生活中，我们与人相处时，不可能事事顺利，不可能要求每个人都对我们笑脸相迎。有时候，甚至很多时候，我们也会受到他人的误解，甚至嘲笑或轻蔑。这时，如果我们不善于控制自己的情绪，就会造成人际关系的不和谐，给自己的生活和工作带来很大的影响。所以，当遇到意外的沟通情景时，要学会控制自己的情绪，轻易发怒只会造成不良后果。

任由情绪控制自己行动的人是弱者，真正的强者能够以自身的行动控制自己的情绪。如果对方的嘲笑确有其事，就应该勇敢承认，这样对你的成长大有裨益；如果对方只是横加侮辱，盛气凌人，且毫无事实根据，那么这些对你也是毫无损失的，你尽可置之不理，这样会更加显现出你的人格魅力。

有的人在与人合作中听不得半点“逆耳之言”，只要别人的言辞稍有不恭，他不是大发雷霆就是极力辩解。其实这样做是不明智的，这不仅不能赢得他人的尊重，反而会让别人觉得你不易相处。不轻易露出自己的不满情绪，采取虚心、随和的态度将使你与他人的合作更加愉快。

美国前总统罗斯福在年轻时，体力比不上别人。有一次，他到野外去伐树，到晚上休息时，他的领队询问白天每人伐树的成绩，同伴中有人答道：“塔尔砍倒53棵，我砍倒49棵，罗斯福用力咬断了17棵。”这话听起来对罗斯福来说可不怎么顺耳，但他想到自己砍树时，确实和老鼠筑巢咬断树干一样，不禁自己也笑了起来。

采取虚心、随和的态度还会让你在生活中赢得更多的快乐。

我们看两个例子。公交车上人多，一位女士无意间踩了一位男士的脚，她赶紧道歉说：“对不起，踩着您了。”不料男士笑了笑:“不，不，应该由我来说对不起，我的脚长得也太不苗条了。”车厢里立刻发出了一片笑声。显然，这是对随和风趣的男士的赞美。

一位女士不小心摔倒在一家整洁的铺着木地板的商店里，手中的奶油蛋糕弄脏了商店的地板，她抱有歉意地向老板笑笑，不料老板却说：“真对不起，我代表我们的地板向您致歉，它太喜欢吃您的蛋糕了！”于是女士笑了，笑得挺灿烂。而且，老板的热情打动了她，她也就立刻下决心“投桃报李”，买了好几样东西后才离开了商店。

是的，在生活中，人与人之间互相保持一种随和的态度，将会赶走你的不满情绪，带来更多的快乐。当然，采取这种态度也是有限度的。因为随和不是放弃原则，迁就亦非予取予求。

诚然，能否很好地控制自己的不满情绪，还取决于一个人的气度、涵养、毅力。历史上和现实中气度恢宏、心胸博大的人都能做到有事断然，无事超然，得意淡然，失意泰然。正如一位诗人所说：“忧伤来了又去了，唯我内心的平静常在。”

4 适时微笑，生活更美

一位哲学家说：“生活像镜子，你笑它也笑，你哭它也哭。”

一个没有笑容的世界就如同人间地狱一样。

人是有感情的，笑是人的本能，真诚的微笑可以缩短人与人之间的距离，也可以影响自己和他人的情绪。微笑不仅可以影响自己，也能感染他人，它可以消除人与人之间的隔阂和误会。所以说，微笑是好情绪的开始，微笑是天底下最美的语言，是人与人沟通的润滑剂，让人与人之间不再有隔阂，也让人拥有良好的情绪。

无论生活怎样待你，只要微笑，都可以融化冷漠，增强与他人的感情联结。

纽约北郊曾住着一位名叫莎拉的女孩，她自怨自艾，认定自己的理想永远实现不了。她的理想是：跟一位潇洒的白马王子结婚，白头偕老。莎拉整天梦想着，可周围的女孩都先后成家了，她成了“大龄剩女”，认为自己的梦想永远不可能实现了。

在一个雨天的下午，莎拉在家人的劝说下去找一位著名的心理学家。握手的时候，她那冰凉的手指让人心颤，还有那凄怨的眼神、低沉无力的声音、苍白憔悴的面孔，都在向心理学家暗示：我是无望的，你会有什么办法呢?

心理学家沉思良久，然后说道：“莎拉，我想请你帮我一个忙，我真的很需要你的帮忙，可以吗？”

莎拉将信将疑地点了点头。

“是这样的，我家要在星期二开个晚会，但我妻子一个人忙不过来，你来帮我招呼客人。明天一早，你先去买一套新衣服，不过你不要自己挑，你去询问店员，按照她的建议买。然后去做个发型，同样按照美发师的意见办，听好心人的意见是有益的。”

接着，心理学家说：“到我家来的客人很多，但互相认识的人不多，你要主动帮我去招呼客人，说是代表我欢迎他们，要注意帮助他们，特别是那些显得孤单的人。我需要你面带微笑地帮我去照料每一个客人，你明白了吗？”

莎拉一脸不安，心理学家又鼓励她说：“没关系，其实很简单。比如说，看谁没咖啡就端一杯，要是太闷热了，开开窗户什么的。”莎拉终于同意一试。

星期二这天，莎拉发型得体，衣衫合身，来到了晚会上。依照心理学家的要求，她尽心尽力，只想着帮助别人。她眼神活泼，笑容可掬，完全忘掉了自己的心事，成了晚会上最受欢迎的人。

最终，女孩与其中一位年轻人结合，日子虽然平凡却很幸福。

微笑富有魅力，微笑招人喜爱。英国诗人雪莱说：“微笑，实在是仁爱的象征，快乐的源泉，亲近别人的媒介。有了笑，人类的感情就畅通了。”

不仅仅如此，笑也是舒畅身心、排解不满情绪的最有效方法。每天大笑几次，则身爽气舒，心旷神怡。马克思说：“一份愉快的心情胜过十剂良药。”有人曾编了一首“开笑散”：“一笑烦恼跑；二笑怒气消；三笑窘事了；四笑病魔逃；五笑春常在；六笑乐逍遥。时常开口笑，寿比彭祖高。”笑能营造一种乐观向上的好心境，能使内脏功能保持平衡、协调，帮助人缓解紧张情绪，给人以舒适感，使人显得神采飞扬。

清代有一个人得了病，头痛、茶饭无味、萎靡不振，吃了很多药，也没见效。有一天，他找来了一位著名的中医替他看病。老中医按脉良久，最后给他开了一张方子，让他去按方抓药。他赶紧来到药铺，递上方子。没想卖药之人接过一看，哈哈大笑，说这方子是治妇科病的，名医犯糊涂了吧？他赶忙去找那位名医，但医生却早已经离开了。这时，他想到自己竟被一位名医诊断为“月经失调”的妇女病，禁不住哈哈乐起来。这以后，每当想起这件事，他就忍不住要笑。他把这事说给家人和朋友，大家也都忍不住乐。后来，他终于找到了那位名医，并笑呵呵地告诉医生方子开错了。名医此时笑着说：“我是故意开错的。你是肝气郁结，引起精神抑郁及其他病症。而笑，则是我给你开的‘特效方’。”他这才恍然大悟：这一个月，自己只顾笑了，什么药也没吃，身体却好了。

英国著名的化学家法拉第在年轻时，由于工作过度紧张，导致精神失调，身体非常虚弱，虽然长期进行药物治疗却毫无起色。后来一位名医对他进行了仔细的检查，但未开药方，临走时只说了一句话：“一个小丑进城，胜过一打医生！”法拉第对这句话仔细琢磨，终于明白了其中的奥秘。从那以后，他常抽空去看马戏、喜剧和滑稽戏等，经常高兴地发笑，就这样，愉快的心境使他的健康状况大为好转。

在现代社会，工作与生活节奏越来越快，压力也越来越大，这使很多人每天都处于紧张和烦恼之中。这时我们就需要让笑充满生活。伟大作家高尔基就说：“只有爱笑的人，生活才能过得更美好。”

5 转移情绪，矛盾自解

情绪的不稳定性决定了情绪的到来会显得有些莫名其妙，但是也会很容易转移出去，只要我们找到一个合适的转移位置。

有时候我们的不满情绪被诱发时，会无法控制。对于一向脾气自制较差的人来说，当不满情绪占上风时，说什么话、做什么行为都不去理会结果，只顾着一时的发泄。过后，往往后悔莫及。很多情感上或者处事上易冲动的人都会有这种经历。

人如果冲动的话，就像一时钻进了死胡同的魔鬼，一定要歇斯底里才能释放心中的不满。除非那一刻能突然有什么事或者人转移注意力，不然结果一定是两败俱伤。

很显然，我们这里强调的转移注意力是缓解不满情绪的一个好方法。我们先来看下面这一则故事：

有一头骡子脾气很大，一旦它脾气上来，它的四条腿便会像上了钉子一样，固定在地面，一动也不动，无论主人怎样使劲鞭打，骡子还是固执己见，一步也不肯向前走。

有一天，一位老和尚和小徒弟就遇到了这样的情况。

小和尚面对着不肯迈步的骡子，高高举起了鞭子。这时，老和尚赶忙制止了他："等一下，每当骡子闹脾气时，有经验的主人不会拿鞭子打它，那样只会让情况更加严重。"

小和尚忙问："那该怎么办呢？"

老和尚说："你可以从地上抓起一把泥土，塞进骡子的嘴巴里。"

小和尚好奇地问："骡子吃了泥土，就会乖乖地继续往前走了？"

老和尚摇头道："不是这样的，骡子会很快地把满嘴的泥沙吐个干净。然后，在主人的驱赶下，才会往前走。"

小和尚诧异地说："为什么会这样？"

老和尚微笑着解释道："道理很简单，骡子忙着处理口中的泥土，便会忘了自己刚刚生气的原因。这种塞泥土的做法，只不过是转移它的注意力罢了！这个方法用在骡子身上有效，同样也适用于人发脾气的时候……"

的确，情绪在很多时候其实只需要一个小小的出口，就可以化解了。

有一位著名的诗人，有段时间思路总打不开，怎么也冲不出思想的牢笼，这使他的情绪变得很糟糕。这天，他5岁的孩子怯怯地走过来说："爸爸，你可以带我到外面去玩吗？"

诗人看着孩子纯真的脸，想到自己这段时间对孩子的冷淡，不禁有些于心不忍，就答应了孩子。

他拉着孩子的手去外面的小树林里玩，一路上还是提不起精神，仍然想着自己为什么会写不出来东西的问题。孩子忽然指着前方问："爸爸，那几个字是什么呢？"他一看，是一块掩映在树林里的牌子，他告诉孩子是"阳光不锈钢制品厂"。

孩子平时背成语背多了，就四个字四个字地念："阳光不锈、钢制品厂"，然后疑惑地问他："什么叫阳光不锈呢？"

阳光不锈？诗人当场呆住了，心想，这是多么有寓意的词语。他不禁大叫一声："妙极了！"脑海里马上形成了一首诗。他又重新找回了自己的灵感，多日的烦闷情绪也一扫而光。

故事中的诗人一直停留在一个问题上不肯放手，结果导致情绪越来越差。可是，没想到一次无心的外出游玩居然让他找到了丢失的灵感，也重新恢复了平和的情绪。谁都没有想到，当我们把目光转移到那些细小的事情上时，居然会有这么大的收获。

在心理诊所的情绪治疗过程中，医生发现了一个现象：一些情绪压抑过久的人，往往会啃咬手指来减轻紧张情绪或者压力。有一些患者为此很担心，他们在公共场合或者比较严肃庄重的场合忍不住还会咬自己的手指，怎样改变这种现象呢？

后来，心理专家想了一个办法：在患者的手指上缠了很多圈的细线。这样，每当他们情绪紧张想咬手指的时候，就必须要慢慢地解下手指上的绳子。但解开绳子之后，通常患者就不会再想咬手指了。

绳子有这么大的作用吗？其实不是绳子的作用，而是解开绳子的动作产生了巨大的作用。在解开绳子的过程中，紧张的情绪就在这短短的时间里得到了缓解。其实情绪正是这样，它只是需要一个转移的时间，就可以得到完全的疏解。

显然，情绪是可以转移的。当你陷入一种负面情绪里无法自拔时，一定要提醒自己离开那个空间，去做一些事，比如喝杯水、吃个水果，或者打个电话给信任的人说说话。这样，负面情绪就可以得到缓解，而你也清醒过来，不会再被负面情绪掌控。

第八章 清除空虚，充实内心

空虚是一种心理体验，常常感到空虚的人，大多都活得不踏实，对人生和生活都怀有不切实际的期望和幻想，一直都在寻找和追求目标，却没有将行动落实到生活中。要想克服空虚心理，首先要认识到自身的问题所在，然后再加以自我调适和克服。保持良好的心态，以实事求是的客观态度去应对一切，这样才能拥有一个充盈的精神世界，才能不被空虚和寂寞所困扰。

1 忙碌起来，远离空虚

精神和内心的空虚对人们的身心健康最为无益，而在工作和生活中忙碌起来则是解除空虚的极好办法。

在现实生活中，你有时会不会出现说不出来的情绪低落呢？有时，你独自一个人逛街，突然感到这种情绪来犯，让你顿时对五光十色的街景失去了兴致；有时候你跟一大群人在一起喝酒，当时很高兴，可是在第二天早晨醒来时，你的感觉就像是要入地狱一样难受。每当这种情绪笼罩在心头时，你觉得跟周围好像有道无法跨越的鸿沟，感到毫无生趣又有种沉沉的失落感。

也许，这时的你正在走入自己的心理黑洞——空虚。空虚是各种心理压力中最无以名状且捉摸不定的东西。而你应如何与空虚奋战呢？你甚至不知道该从何着手。这正是空虚让人束手无策的地方。

我们先来看这则故事：

早晨，汤姆比平时晚起了半小时，因为他早就厌烦了这份工作，已经不在乎什么公司制度了。现在，他只是因为不得已才去上班的。

汤姆随便地洗了脸，倒了一杯咖啡，坐在软软的沙发上，开始收听晨间新闻。新闻报道中，又有一处矿井发生了爆炸；某个国家的某地又遭到恐怖分子袭击；某个明星因不幸从舞台上掉下来摔死了……

接着，汤姆开车挤上了交通阻塞的路。汽车里收音机的新闻比电视新闻有趣，因为主要都是地方新闻。现场播音员正在报道一起谋杀案、一起强奸案和一场无法控制的大火；然后是插播广告，接着又继续播送新闻……

汤姆到办公室时，老板早就在他的座位上等着他了。他又挨了一顿训，不仅仅是因为他最近总是迟到、早退，还因为他的计划方案做得一塌糊涂。老板让他重新做。

此时，已临近中午了，休息时间到了。汤姆和他的同事吃完午餐，坐在餐桌边，一边抽烟，一边聊了起来。无聊的话题没进行多久，汤姆感觉索然无味，就回到办公室，把老板让他重做的计划简单改了改，丢在一边，接着就打开一本小说。

总算撑到下班了，在一天里汤姆第一次觉得快乐了一些，因为他可以直接到酒吧里去尽情发泄了。在酒吧里，汤姆喝得酩酊大醉，也许这才是他想要的生活。

直到晚上 12 点，汤姆才回到家里，开始洗澡、刷牙……好不容易，汤姆筋疲力尽爬上床，想到这一天唯一值得安慰的是：明天是星期六，离上班还有两天快乐的时间。

现在，让我们来看看什么是空虚呢？其实很简单，空虚就是像汤姆那样没有了追求，没有了寄托，没有了精神支柱，内心世界一片空白，严重时人就像行尸走肉一般。

空虚心理形成的原因：

•物质生活和精神生活失衡。有些人每天忙着赚钱，却不知道赚钱的目的是什么，没有想过自己是否真的需要那么多钱。只用物质刺激来满足精神上的低层次需求，没有进一步提升自己的精神境界，从而产生了空虚寂寞的感觉。

•心存不切实际的幻想。常感到空虚的人，很可能活得不踏实。有些人在生活中怀有不切实际的期望或目标，自己总是在生活中追寻些什么，而没有落实到生活本身，如此，不免常感到空虚。

• 缺乏正确的自我认识，对自我能力评价过低。当一个人对自身价值评价有误，特别是当这种错误与现实生活冲突的时候，便很容易对外界事物做出以偏概全的判断。

• 没有理想，迷失自我。感到自己没有奋斗的目标或者觉得当前不知为何而努力，从而产生精神上的空虚寂寞。一些人从早到晚不知道自己要做些什么，也不知道自己将来的路到底该怎么走，于是感觉很无聊，对自己的人生一片茫然。

• 对社会现实和人生价值存在错误的认识。受不良社会风气的影响，一些人丧失了正确的人生观和价值观。他们在“及时行乐”“有钱就幸福”“死后一切皆空”等错误观念的影响下，放弃了努力。在没有精神支柱的情况下，自然会感到空虚。

• 过度计较个人得失也很容易产生失落感、空虚感，以致“万念俱灰”。

• 空虚感也常会在人们退休、离职、失恋、工作受挫、投资失误、经济拮据时乘虚而入，扰人心绪，令人不知所措。

空虚就像是一个人内心的盲点，具有超强的吸力，人一旦被卷入这个盲点，整个人也就被空虚感所缚。

这时该怎么办呢？专家的建议是，忙碌起来是摆脱空虚的极好方法。因为当一个人的精力集中到工作上时就会有一种忘我的力量，并能从工作中感受到自身的社会价值，这样就会觉得人生充满希望。

在忙碌之余，我们还可以培养高雅的情趣，提升精神境界；乐观地面对生活，在生活中寻找乐趣；用有意义的活动和习惯充实自己。在工作之余，少去酒吧、舞厅，可以在家看看书、养养花，或者去野外郊游、登山，参加一些体育锻炼，等等，这些都有助于消除空虚。

2 愈加懒惰，愈加无趣

比尔·盖茨说："懒惰、好逸恶劳乃是万恶之源，懒惰会吞噬一个人的心灵，就像灰尘可以使铁生锈一样，懒惰可以轻而易举地毁掉一个人，乃至一个民族。"

对于任何人而言，懒惰都是一种堕落的、具有毁灭性的东西。懒惰、懈怠从来没有在世界历史上留下好名声，也永远不会留下好名声。懒惰是一种精神腐蚀剂，因为懒惰，人们不愿意爬过一个小山岗；因为懒惰，人们不愿意去战胜那些完全可以战胜的困难。

许多人一辈子空虚，不是因为他们的智力不如人，而是因为他们不能克服自己的惰性，把一生的时光虚度过去了。懒惰的人做事情能拖就拖，把今天的事留给明天，到了明天又推到后天……

前不久，李妍的公司组织重整，考虑到她的身体不太好，平时也有退休后好好休息一下的意思，公司就让她提前办了退休手续。她开心地说："这下可以休息一下了，该轻松了。"大家以为李妍只是随便说一说，谁知道她真的"轻松"起来了。

李妍的丈夫不久前刚调到外地工作，孩子也在外上大学。以前丈夫与孩子都在身边时，她觉得生活很充实，可是他们都离开之后，自己突然清闲了，大脑里却空白了、僵硬了，打不起精神来了，做什么都觉得难受，还怀疑自己生病了。于是，她整天待在家里，除了睡觉、看电视，还是睡觉、看电视，每天不睡到中午 12 点就不想起床。不爱打扮，也不想收拾家里，吃饭也随便吃。以前的同事邀请她外出逛商场，她嫌累；朋友邀请她去公园散步，她觉得没有意思；亲戚来家看望她，她也不再像以前那样热情招待了，而是买点冷冻水饺、几个凉菜，把亲戚打发了事。

大家都感觉到了她的变化，可是又不好说什么。一次，丈夫回公司开会，顺便回家看看。晚上丈夫主动找她“亲密”，她不像以前有激情了，表情冷冷的，一看就是应付了事。丈夫怎么也想不明白，原来以为她休息在家体力充沛，人应该有精神呢，可是现在怎么变成这样了呢？

其实，了解李妍的人都知道，她以前很勤快，家里家外一手操持，早上 5 点准时起床给丈夫孩子做饭，然后自己上班。到了公司也不闲着，把工作处理得井井有条，从来没有出现过差错。下班赶快到菜市场买菜，为丈夫与儿子做饭。平时的衣服洗得干干净净的，熨烫得平平整整的。

丈夫试过许多办法，希望李妍能够恢复到原来的样子，但是李妍依然懒懒散散。每次孩子与丈夫回家，家里也不收拾，一副冷冷的表情。久而久之，丈夫终于受不了了，有了外遇，最终闹得夫妻也做不成了。这样的结果真是谁也不愿看到的！

其实，李妍早点退休本不是坏事，以前工作、家务使她很辛苦，现在丈夫事业有成，孩子也如愿上了大学，她休息一下也是应该的。可是，她不能及时调整好自己的心态，一下子变得懒散麻木，失去了对生活的热情。

人的懒惰心理一旦蔓延下去，意志力就会丧失，人到最后就会变得特别空虚。李妍在退休之后，生活没有了目标，于是消沉下去，产生懒惰的行为倾向并发展到了极点，对新事物、新思想、新理念不接受，最终整个人完全垮了。

俗话说“业精于勤荒于嬉”。懒惰的原因就是试图逃避困难的事，图安逸、怕艰苦。人一旦长期躲避艰辛的工作，就会形成习惯，并发展为不良的性格倾向。

因此，那些生性懒惰的人不可能在社会生活中成为一个成功者，他们永远是失败者。成功只会光顾那些辛勤劳动的人们。懒惰的人只会整天怨天尤人、精神沮丧、无所事事。

有些人终日游手好闲、无所事事，无论做什么都不想花力气、下功夫。但这种人的脑袋可不懒，他们总想不劳而获，总想占有别人的劳动成果，他们的脑子一刻也没有停止思考，一天到晚都在盘算着去掠夺本属于他人的东西。正如肥沃的稻田不生长稻子就必然长满杂草一样，那些好逸恶劳者的脑子中就长满了各式各样的“思想杂草”。这些“思想杂草”会使人斗志消沉，精神萎靡不振、缺乏活力。

著名哲学家罗素指出：“真正的幸福绝不会光顾那些精神麻木、四体不勤的人们，幸福只在辛勤的劳动和晶莹的汗水中。”只有懒惰才会使人们精神沮丧、万念俱灰；也只有劳动才能创造生活，给人们带来幸福和欢乐。任何人只要劳动就必然要耗费体力和精神，这也可能会使人们精疲力竭，但它绝对不会像懒惰一样，使人精神空虚、精神沮丧、万念俱灰。因此，一位智者认为，劳动是治疗人们身心病症的最好药物。

克服懒惰正如克服任何一种坏毛病一样，是件很困难的事情。但是只要你有毅力与决心，懒惰迟早会被你赶跑的。只要持之以恒，你就一定会有一个灿烂的未来！

3 价值目标，定要明确

要排除空虚和失落，最重要的是明确自己的目标，然后必须一步步地实现，用忙碌与充实来战胜空虚与失落。

一个人心中的空虚往往是在胸无大志、没有追求、没有理想的情况下，觉得自己的生活没有意义而出现的；或者是理想不切实际，难以实现。

下面就是一个典型的例子。

已过40岁的姜淑芹一直过着简单而充实的生活。丈夫在外工作，一年中只有一个月的时间在家。她不但精心照料孩子上学，而且只要丈夫一回家，她总是把丈夫照顾得体贴入微。所以，一家人虽然过着长期分离的生活，但还是和和睦睦。然而，天有不测风云，在一次不幸的车祸中，她的儿子去世了，这件事给了她沉重的打击。从此以后，她感到很孤独，觉得生活乏味，没有意义，脑子里一片空白，做什么事都没有心思，待在家里感到无聊。她平时在家睡大觉，假日可以睡上大半天，饭也不按时吃了，进进出出都沉默寡言，遇到邻居也很少说话。在公司总是满脸愁容，让人琢磨不透，平时工作上的事，只要与自己没有关系，基本上不过问，还喜欢胡乱猜想。

有一次，她下班时碰到了老同学，老同学强拉硬拽地把她带进了一家舞厅。从此她对跳舞有了浓厚的兴趣，上班也想着跳舞，也不怎么关心丈夫了，不参加集体活动，更不喜欢参加各种学习和会议。

不高兴时，什么也不做；高兴时也是一脸不自然的表情，让人看着很不舒服。不但对跳舞上了瘾，她还学会了抽烟与喝酒，每天都要抽一包香烟，喝两瓶啤酒，有几次还喝醉躺在舞厅里的沙发上睡着了。

姜淑芹的丈夫晚上多次打电话回家，家里都没有人接听。白天打电话给她，她接电话也是有气无力的，没有了往日的温存。丈夫感到有些奇怪，专门请假回家看望，才发现了她的变化。

好在丈夫非常理解姜淑芹的心情，他知道妻子心上的伤口需要自己去抚平，于是请求公司把自己调回来。他每天腾出一些时间，陪姜淑芹散步，找话题与她聊天，共同回忆美好的过去，一起去看老朋友、老同学，看她以前喜欢的画展，听音乐会。他还多次和姜淑芹一起回娘家，和家人坐在一起谈论以前的情景，回忆小时候好玩的游戏，使她感受到了亲人的温暖。

他还知道姜淑芹以前喜欢收藏古玩，就鼓励她继续收藏。还利用星期天到古玩市场帮助她收集，她生日时也送给她很珍贵的古玩。在收集与整理古玩的过程中，她学习了很多知识，也学到了很多做人的道理。

一年过去了，姜淑芹逐渐从空虚的漩涡之中挣脱出来，现在她不进舞厅了，更不酗酒与抽烟了，工作之余沉醉在收藏领域里，生活变得特别充实。

可见，一个人发现自己有空虚之感时，及时调整自己的生活目标，建立一个符合自己实际的理想（哪怕这个理想对他人来说是微不足道的）是十分必要的。

当然，有的人树立了一个不符合自己实际的目标，当他们在追寻这个目标的过程中，会觉得这个目标没有意义或者莫名其妙，这样也会导致空虚无聊的产生。因此，你还应根据个人的实际情况，给自己一个合适的定位，制订出长期规划和近期目标，以充实自己的生活，这样你就会觉得自己的工作及生活不再枯燥乏味。

如何实现这个目标呢？以下 8 个步骤可供我们参考：

1. 列出目标。把你明年及今后 5 年里想要从生活中获取的东西写下来，要包括你的梦想及目标，不管它们看上去有多么不现实。依照工作、家庭生活及休闲时间等项目分别列出三个不同的一览表。

2. 写出行动计划。勾勒出实现每一个目标的步骤图。比如，要写一篇短篇小说，其行动计划就可拟定为：选修一门课程；购买设备；营造创作空间；留出固定的时间。

3. 重新考虑。检查列出的目标，看看有无禁忌的或无法实现的。别计划花大量的时间待在家里。目标可以定为获取你所在地区的运动项目冠军，但别计划去拿奥运金牌。

4. 确认可能遇到的障碍。判断什么会妨碍你的工作，寻求解决的方法。例如，你若觉得有太多的事占用你的时间，可以采取在日历上留出具体的时间来专门处理家务及其他事情的方法加以解决。

5. 把列出的目标排列成序。看看列出的一览表中，哪些是最重要的目标，按照其重要程度排列成序，随后，确定所有目标中哪个目标的实现对你最为重要。

6. 奖励自己。奖励可以增加你的动力。考虑一下自己确实想要的东西，承诺一旦自己实现了艰难的目标就以此来奖励自己。

7. 内容要具体。改写目标，把它们写得更具体，可量化，最好要有时间限制。

8. 设想最终的结果。在心中清晰地想象出你最终达到目标的情景。

4 良好习惯，心灵充实

不良生活习惯容易使人空虚，而良好的生活习惯则有助于人们摆脱空虚。

生活中总有一些人，他们腰缠万贯却依然感到空虚无聊，他们往往会用低层次的刺激来满足自己的精神需求。

有一位富翁向自己一个朋友倾诉说：“不瞒你说，我现在觉得活得特别没意思，什么都不想做，工作、财富、家庭，一切都激不起我的兴致。你说这该怎么办呢?

“刚开始做生意时，简直是拼命去赚钱，各大城市几乎跑遍了。有时，为了赚钱，几乎达到丧尽天良的程度。我曾经卖过假货，骗过人家的钱，当然也没少被别人骗过。手里有钱了，首先想到的就是吃好、喝好、穿好、用好，然后就是布置自己的小家庭，把房子布置得富丽堂皇，像宫殿一样……开始觉得很新鲜，可时间一长，便觉得这也没什么意思，就那么一回事。

“没钱时，拼命想赚钱，心想只要有了钱，便有了一切，别的根本管不了那么多。可是赚了钱后，又不知该怎么花，总觉得少点什么。现在看来，人光有钱还不行。钱这东西，只能满足物质上的享受，可精神生活的贫乏，却很难靠钱来弥补。我认识许多生意人，都可谓是有钱人了。他们白天忙忙碌碌，看起来很风光，到了晚上，就到酒店、咖啡厅、歌舞厅这些地方，玩来玩去也都是那一套，真是钱包鼓了，心里却空落落的。

“交际广了，朋友也多了，但每天重复的生活平淡又无趣，让人备感空虚……”

就像这位富翁一样，一些有钱人因为生活空虚，没有目标，活得消极、颓废。有的人酗酒成性，有的人吸烟成瘾；晨昏颠倒或整夜失眠；吃饭没有规律，饿一餐、饱一顿或根本没有食欲；没有节制地疯玩或封闭自己，不愿意出门，不愿意与人来往；还有的人习惯了不卫生，邋里邋遢；不再自爱，随便与异性交往，过了今天不想明天……

这些都是对自己不负责任的表现。别让自己的天空这么灰暗，我们应该通过改变自己的想法和行为来改变自己的情绪，而不是放任自己。处于空虚之下，我们需要照顾好自己。平时要少抽烟，少喝刺激性饮料，不碰这些东西最好（适量的红酒除外）。

平时要培养高雅的情趣，提升精神境界，乐观地面对生活，在生活中寻找乐趣。有意义的活动和习惯有助于消除空虚，在工作之余，少去酒吧、舞厅这些容易让人麻醉的地方，可以回家看看书、养养花，多锻炼身体，甚至可以做义工为社会做些力所能及的事情。

当你遇到难以解决的问题或目标受阻时，你还可以通过绘画、书法、音乐、雕刻等方式，使烦乱的心情平静下来，从空虚的状态下解脱出来。当人有了新的乐趣后，会产生一种新的追求，这就逐渐完成了生活内容的调整，并从空虚状态中解脱了出来，从而体会到生活的意义。

读几本好书也是填补空虚的好办法。知识是人类经验的结晶，是智慧的源泉。读书可以帮助人们找到解决问题的方法，使人从寂寞和空虚中解脱出来。知识越多，人的心灵就越充实，生活也就越丰富多彩。可看一些名人的传记，向他们学习，从而对前途与理想有一个正确的认识，有助于树立积极的人生观和价值观。

5 生命意义，贵在探寻

人类的生命无论在任何情况下，都有其意义。这种无限的人生意义，涵盖了痛苦和困顿、濒死和死亡。

关于生命的意义，仁者见仁，智者见智，人对它的渴求是极为强烈和迫切的。可以说，任何不寻找人生意义的生活，都不是真正的生活。只有追求人生的意义，生命才能散发耀眼的光芒。

在人的社会实践中，执着的追求，不懈的努力，迟早都会有所创造，有所收获，就像我们去积极努力工作一样。工作就是意义，就是追求，因为心中憧憬着拥抱成功的希望。

丰子恺先生在《辞缘缘堂》一文中说得好："只有希望中的幸福，才是最纯粹、最彻底、最完全的幸福。"德国哲学家康德曾说过："人们想要幸福，但人们想要值得的幸福。"但为什么有些现代人总会迷失自我，变得越来越空虚呢？最主要是因为他们缺乏一种精神追求。

对于现代人来说，要有点精神，要有所追求，要有些挫折忍受力。"外面的世界很精彩，外面的世界很无奈。"这就要求我们面对现实、面对生活时，"不以物喜，不以己悲"。无论在什么地方，无论遇到什么问题，都应该沉着冷静，保持良好心态，以实事求是的客观态度应对一切。

很多人遭到挫折以后会产生一种失落、无奈、困惑之感，对自己的未来失去信心，因而牢骚满腹，怨天尤人，长吁短叹。如果本应开拓事业、努力拼搏的年轻人沾上了这个毛病，就会未老先衰，失去青春的活力和人生的乐趣。

那么怎么才能走出空虚的困境，成为一个真正充实的人？这可算是一门高深复杂的学问。一个空虚的人，如果他看不见自己的前途，不知道生命的意义是什么，或是觉得自己很卑微、无聊而又堕落，那么他是永远也不会从困境中走出来的。只有正确地对待生活，追求生命的意义，才能摆脱空虚。

有一本书叫作《活出意义来》，作者是奥地利精神医学家维克多•弗兰克，他告诉我们，生命的意义是什么。

他曾是二战期间纳粹集中营的一名俘虏，他的双亲、兄长、妻子都死于集中营，只剩下他和妹妹。这样一位历经惨绝人寰遭遇、渡尽劫难归来的生还者，他对生命意义的追问，值得我们好好学习一下。他在书中写道："活着便是受苦，要活下去，任何人只要活着，就有理由去怀抱希望，不论经历了什么困境，都要从痛苦中找出意义来。"

弗兰克认为，由无意义感和空虚感结合而成的生存空虚，是现代人们看不清或看不到生命意义的原因所在。无论处境多么悲惨，每个人都有责任为自己的生命找出一种意义。因为生命无法重复，也不可取代。生命的意义，就在于我们对生活的憧憬，对未来的追求。如果没有了理想的支撑，那我们就会觉得活得空虚，毫无意义。

也许我们一生都将平凡度过，但能够做到一生平淡如许，也是一件很了不起的事情。生命的意义要在平凡的生活、平常的事物中才能体悟和修正。佛教有云："平常心是道。"可见，平凡本身就是一种生活境界。

生活绝不是负担，而是一种享受，无论怎么样，只有挚爱生活，追寻生命的意义，才能享受其中乐趣，才能拥有精彩的人生。

第九章　放松心情，解除忧虑

人活在世上，或受客观环境的影响，或受家庭、事业的影响等，难免会产生忧虑情绪。莎士比亚说过：“聪明人永远不会坐在那里为他的损失而哀叹，而会用全部心思寻找办法去弥补损失。”如果一个人没有恐惧、没有忧虑，总是能发挥自己的才能，总是能保持高昂的斗志，那么这个人就是自己的主人，就能够掌握自己的命运，也就能把自己送上成功的大道。

1 忧虑过多，身心俱损

人不可背负太多的忧虑，把注意力和兴趣投注到积极有意义的事上，就会轻松许多，那些毫无意义的动作和思维就会隐退。

生活在这个世界之上，不可能每件事都尽如人意，每个人都会有心情不好的时候，但是如果持续太久，那就是忧虑了。

哲学家伯特兰•罗素说："人类还从来没有像今天这样有如此多的忧虑，也从来没有过如此多的原因可忧虑。"那究竟是什么原因造成忧虑呢?

从心理学角度分析，在我们身边发生着许许多多的事，外界有多得惊人的信息和刺激如洪水般地涌向人们，而我们却常常对这些并不在意。人的大脑会把那些并非必需的信息滤掉，这样才能把我们的注意力放在必需的信息上。因此，令人不舒服的信息，只有当它穿过注意的滤层，在意识的聚光灯下亮相时，才会产生令人不快的效果。只有当我们注意事物的负面时，才感到痛苦。

此外，对社会的期望过高、适应能力差、思想消极、过于敏感、自身遭遇等因素也会使人产生忧虑。

过度的忧虑有很多坏处：它会使我们的表情难看，会使我们咬紧牙关，会使我们的脸上产生皱纹，会使我们愁眉苦脸，会使我们头发灰白，有时甚至会使头发脱落。忧虑会使你脸上的皮肤产生斑点和粉刺，让一个人老得更快，从而摧毁容貌。

忧虑甚至会使最坚强的人生病。在美国南北战争时期，格兰特将军就发现了这一点。

当时，格兰特将军正围攻里奇蒙，里奇蒙守将李将军弃城逃亡，格兰特乘胜追击。由于剧烈疼痛和眼睛半瞎，他无法跟上部队，停在了一家农户前。

“我在那里过了一夜，”后来，格兰特在自己的回忆录中写道，“我把双脚泡在加了芥末的冷水里，还把芥末药膏贴在两个手腕和后颈上。希望第二天早上能复原。”

第二天早上，格兰特果然复原了。可是，使他复原的不是芥末膏药，而是一个带回李将军降书的骑兵。“当那个军官（带着那封信）走到我面前时，”格兰特写道，“我的头还疼得很厉害，可是我看了那封信后，立刻就好了。”

显然，格兰特是因为忧虑、紧张和情绪上的不安才生病的，一旦在情绪上恢复了自信，想到胜利，病就马上好了。

忧虑不但会造成身体上的伤害，更重要的是，它让人的心理变得更加脆弱：

1. 易让人变得郁郁寡欢。忧虑的人常常会无缘无故、莫名其妙地焦虑不安、苦闷伤感，如果再遇上环境刺激，就犹如“火上浇油”，进一步激发并加重忧愁和烦恼。一般来讲，性格内向、心胸狭窄、任性固执、多愁善感、孤僻离群的人大多带有忧虑倾向。

2. 易让人变得紧张不安。忧虑的人感觉自己如同困兽，四处走动，想做点什么，却不知道该做什么。有时，想逃出去的想法非常强烈，但是对逃到哪里去、去做什么却不清楚。另一方面，有些忧虑的人会变得反应迟钝，若有所思，神情恍惚。

3. 易表现出强烈而持久的悲伤。忧虑者总觉得心情压抑苦闷，并伴随着焦虑、烦躁及易激怒等反应。在认识上表现出负面的自我评价，感到自己没有价值，生活没有意义，对未来很悲观。还表现在对各种事物缺乏兴趣，依赖性增强，活动水平下降，回避与他人交往，并伴有自卑感。严重者还会产生自杀想法。

虽说“人无远虑，必有近忧”，然而凡事应有个尺度，切不可杞人忧天，终日忧心忡忡，无端悲愁。即使生活中确实发生了令人烦恼、焦虑的事情，我们也应振作精神，积极面对，而不该整天闷闷不乐地消沉下去。

2 找准方法，战胜忧虑

著名学者林语堂在他的《生活的艺术》中这样说过：“心理上的平静能顶住最坏的境遇，能让你焕发新的活力。”

生活中每个人都会遇到忧虑的事，可以说，忧虑是现代人的通病。

安居于家的家庭主妇，因为生活步调较简单，闲暇时间较多，常会东想西想，自己制造许多忧虑的理由；上班族在忧虑一事上也争先恐后，常担心股市行情、年底加薪、人事升迁、同事之间明争暗斗等，再加上现在经济不景气，一听到裁员的消息就感到焦虑，人心惶惶不能自保的怨声比比皆是，忧虑症更是普遍。

有人说：“不要忧虑，因为你的忧虑有 90% 的概率是不会发生的，纵然真的发生，忧虑也不能解决问题。”

话虽如此，但是还是有那么多的人“义无反顾”地去忧虑。我们应该怎么摆脱忧虑呢？美国“成人教育之父”戴尔·卡耐基向我们讲述了威利·卡瑞尔如何解决忧虑的故事，值得我们参考。

威利·卡瑞尔是一个很聪明的工程师，当时，他要为一个造价几百万美元的工厂安装一部瓦斯清洁机。这是一项新技术，他以前只使用过一次，而且情况大不相同。经过一番调整后，那台机器终于可用了，可是没有达到他们所保证的标准。他担心了好一阵子，几乎无法入睡。

“我对自己的失败非常惊讶，这一挫折犹如当头棒喝，把我打晕了。我觉得非常不安，真是痛苦万分，好长时间睡不着觉。”

“后来我健康的理智提醒我，这种忧虑是多余的。我开始平静下来，考虑解决问题的办法。这种强迫自己平静下来的心理状态非常有作用。20多年来我一直遵循着这种方法，遇事都命令自己‘不要激动’。这种方法非常简单，任何人都可以学会。它总共分为三个步骤：

第一步，我毫不害怕而诚恳地分析整个情况，然后找出万一失败可能发生的最坏的情况。没有人会把我关起来，我的老板也不会把整个机器拆掉，使投入的2万美元泡汤。

第二步，找出可能发生的最坏情况之后，我就让自己在必要的时候接受它。我对自己说，这次失败，在我的纪录上会是一个很大的污点，可能我会因此而丢掉差事。但即使真是如此，我还是可以另外找到一份差事。我马上轻松下来，感受到这几天来所没有的一份平静。

第三步，待心情平静之后，我把全部时间和精力投注到工作上，设法排除最坏的后果。我努力找出一些办法，以减少我们目前面临的2万美元损失。我做了几次实验，最后发现，如果我们再多花5000美元，加装一些设备，问题就可以解决。我们照这个办法去做之后，公司不但没有损失2万美元，反而赚了1.5万美元。”

“我要是当初继续苦恼下去的话，后来绝对不会取得这样好的结果，因为苦恼只会破坏我们集中思维的能力，我们的思维会因为苦恼而不能专心致志，我们也会因此而丧失当机立断的能力。然而，当我们强迫自己面对最坏的情况，而在精神上接受它之后，我们就能够衡量所有可能的情形，这使我们处在一个可以集中精力解决问题的地位。”

“我刚才所说的这件事，发生在很多很多年以前，因为这种做法非常好，我就一直使用着。结果呢，我的生活里几乎完全不再有烦恼了。”

这就是威利·卡瑞尔的万能公式。为什么威利·卡瑞尔的万能公式如此管用，从心理学观点看又具有这么大的实用价值呢？因为它能驱散由恐惧造成的迷雾，避免盲目的摸索。它教导我们要两脚着地，明白自己所处的情况。如果两脚悬空，我们怎么还能够认真思索事情呢？

因此，当你遇到忧虑的事时，你应该像威利·卡瑞尔那样，做三件事就能解决问题了：

第一件事：想出你所能想到的最坏结果。

第二件事：想办法去接受它。

第三件事：尽你最大的努力将损失最小化。

只要我们能冷静地接受最坏的情况，那么我们就没有任何东西可以再失去了。这自然就意味着我们会赢得一切。当我们准备心甘情愿地接受最坏的情况以后，我们就会立即感到轻松，心中就会变得平静。

3 破解忧虑，理性行动

如果我们把忧虑的时间用来分析和看清事实，那么忧虑就会在我们智慧的光芒下消失。

有人问：“现代人精神异常的原因是什么？”也许没有人知道全部的答案。可是在大多数情况下，它极可能是由恐惧和忧虑造成的。忧虑和烦躁不安的人，多半不能适应现实的世界，而跟周围的环境断了所有的关系，缩到他自己梦想的世界里，借此解决他所有忧虑的问题。

事实上，威利·卡瑞尔的万能公式并不能解决全部忧虑问题。那么，怎样才能解决所有令你忧虑的问题？亚里士多德曾提出以下三种分析问题的基本步骤，来解决各种不同的困难。这三种步骤是：

1.第一步，看清事实。首先我们必须看清事实，因为如果不了解事实真相，我们就不能明智地思考问题。不了解情况的思考是无谓和盲目的。

已故的哥伦比亚学院院长郝伯特·赫基斯认为：“混乱是产生忧虑的主要原因。世间一半以上的忧虑，其实都是人们还没有把事情搞清楚就匆忙做出决定而产生的。”他还发觉，一旦我们有足够的时间对情况做客观的、公正的了解和分析，我们就能逐渐弄清事实真相，烦躁的心情也就随之烟消云散了。

2.第二步，分析事实。看清事实之后，我们就要加以分析，否则，即使把全世界所有的事实都收集起来，对我们也没有丝毫好处。

事实证明，把所有的事实写下来，再做分析，事情就会容易得多。实际上，光是在纸上把问题明明白白地写出来，就可能有助于我们做出一个合理的决定。正如美国著名科学家查尔斯·吉德林所说的："只要能把问题讲清楚，问题就已经解决了一半。"

采取以下四个步骤，就能消除你大部分的忧虑：

- 清楚写下我所担心的是什么。
- 写下我可以怎么做。
- 决定该怎么办。
- 马上照决定去做。

3. **第三步，做出决定并付诸行动。**这一步是最关键的。除非我们能够立即采取行动，否则我们收集事实和加强分析都失去了作用——变得纯粹是一种精力的浪费。

威廉·詹姆士说过："一旦做出决定，当天就要付诸实施，同时要完全不理会责任问题，也不必关心后果。"詹姆士这句话的意思我们可以进一步理解为：人们一旦做出了符合事实的正确决策之后就得马上行动，不能停下来重新思考，不能犹豫、胆怯，不能因为怀疑自己而失去勇气，也不能左顾右盼而畏缩不前。

美国俄克拉荷马州有一位名叫怀特·菲利浦的石油商人，他说："我发现，如果超过某种限度之后，还一直不停地思考问题的话，一定会造成混乱和忧虑。当调查和多加思考对我们仍无益的时候，也就是我们该下决心、付诸行动、不再回头的时候。"

其实，我们也可以利用格兰·里区菲的方法来解除忧虑：

• 我担忧的是什么？

• 我能怎么办？

• 我决定怎么做？

• 我什么时候开始行动？

也许有人认为上面的方法太简单了，但是亚里士多德也使用过这个方法。我们如果想解决那些令人厌烦的忧虑问题，就必须运用这些方法。

4 忘记忧虑，到此为止

在生活中，我们应该学会对自己说：“这件事情只值得我担心一点点，没有必要去操更多的心。”

生活中，有多少人还在为一些已经过去的事惋惜、沮丧和痛苦？又有多少人还在担心着明天、后天或者不可能发生的事情？还有多少人为眼前的事情困惑、忧伤和煎熬？这些无谓的忧虑，消耗了我们多少宝贵的聪明才智，消耗了我们多少宝贵的时间？

有一位患者说他早上起床，刚想打开窗子透透气，突然想起城市空气污染的严重状况，而呼吸这样的空气可能致癌；他端起一杯咖啡，却突然记起健康专家的忠告，喝过量的含咖啡因的饮料会引发心脏病；他走下楼梯，眼前又突然出现一个月前邻居不慎摔死在楼梯上的情景。就这样，时时刻刻都可能发生的危险使他心中充满恐惧。

事实上，当你察觉到恐惧、忧郁的思想侵入你的心中时，必须立刻让你的心中充满各种希望、自信、愉快的思想，不要坐视这些剥夺你幸福的“敌人”在你心中盘踞起来，要立刻把它们驱逐出你的心灵！

心理学家指出，比较有建设性的做法能够改变看事情的角度，不过一般人除非接受心理治疗，很少应用这个方法。譬如，结束一段感情总是很伤感的，很容易让人陷入自怜的情绪（深信自己从此将孤独无依），以致愈来愈绝望。但你也可以退一步，想想这段感情其实也不是很美好，你们的个性其实并不适合。

经研究发现，女性利用吃东西化解悲伤的概率是男性的3倍，男性诉诸饮酒的概率则是女性的5倍。暴饮暴食或酗酒当然都有很大的缺点，前者会让人懊悔不已，后者有抑制中枢神经的作用，只会使人更忧郁。

如果我们能够学会让忧虑“到此为止”，那么结果可能会比我们想象的要好得多。

托尔斯泰娶了一个他非常钟爱的女子，他们在一起非常快乐，可是后来两人却彼此交恶。托尔斯泰发现妻子忌妒心非常强，常常跟踪他，两个人为此吵得不可开交。妻子忌妒托尔斯泰婚前交往的女人、弟子、崇拜者，甚至还忌妒取代自己抄写托尔斯泰文稿的女儿。她还一哭二闹三上吊。

这时的托尔斯泰采用了沉默的方式来对抗。他拒绝与妻子交流，与妻子彼此憎恨，同时还记了一本私人日记，在那里，他记下了妻子所有的错，努力要让下一代原谅他。而他妻子呢？她也写了一本日记，将丈夫描写成一个破坏家庭的人，而她自己则是一个牺牲品。

结果，他们把唯一的家，变成了托尔斯泰自称的“一座疯人院”。48 年的光阴，他们就像生活在可怕的地狱里，如果当时两个人其中一个肯说一句：“不要再吵了，到此为止吧，我们不要再把生活浪费在无谓的争吵里。”其结果一定会好得多。

这也正是 19 世纪最受欢迎的轻歌剧音乐家吉尔伯和苏利文的悲哀：他们知道如何创作出快乐的歌词和歌谱，可是完全不知道如何在生活中寻找快乐。他们写过很多让世人非常喜悦的轻歌剧，可是却没有办法控制自己的脾气。只不过为了一张地毯的价钱，他们就争吵了好多年。

现代社会生活节奏加快，竞争激烈，人际关系错综复杂，人们的身心负荷大大加重，紧张、忧郁、焦躁、疲乏等心理疾病，成为不可忽视的问题。

有人以为，现在每 100 个人当中，就会有一个人面临精神崩溃，主要原因就是忧虑和感情冲突。在找医生看病的人中，有 70% 的人只要消除他们的恐惧和忧虑，病自然就会好起来。

如果我们以生活为代价，分配给忧虑太多太多精力的话，我们就是大傻瓜。学会给忧虑设个界限，让它有始有终。许多有才华的人，他们为推动人类的进步做出了巨大的贡献，留下了宝贵的文化遗产。但这并不代表他们就能懂得如何在生活中寻找快乐，有的人一生都在忧虑的情绪中度过。

当你遇到一件比较烦心的事情时，你可以告诉自己：“这件事情只值得我担心一点点，一切到此为止，再也不多想一分了。”

5 忙碌起来，挤走忧虑

卡耐基强调："让自己不停地忙着，不要去费心忧虑，而让自己沉浸在工作里，否则只有在绝望中挣扎。"

人在什么时候最容易忧虑呢？人最容易受到忧虑伤害的时候，不是在你最忙的时候，而是在你最闲的时候。那时你的想象力会混乱起来，使你想到各种荒诞不经的事情，把每一个小错误都加以夸大。在这种时候，你的思想就像一辆没有载货的车子，横冲直撞地摧毁一切，甚至把你自己也撞成碎片。

老何在过去是一个企业的主管，工作非常累，而且和家人也没有多少时间相处。由于工作责任，虽然他厌倦了这样的生活也只能一忍再忍，总想着：熬到退休就好了，我就可以轻松啦。

终于到了退休的年龄，老何先是在家里大睡了两天，把过去没睡够的觉都补回来。但几天以后，他整个人都变了，工作时候的他虽然累，但是一天还是神采奕奕的，现在退休在家后就好像失去了主心骨一样，精神上没了寄托，整天在家里显得很无聊，老伴叫他出去爬山锻炼他也没兴趣，唯一的爱好就是打麻将。有时打麻将打到凌晨两点，甚至四五点钟才回来。渐渐地，老何连上楼梯，腿脚都无力了。

对于像老何这样忙碌了很久，想歇一歇好好享受生活的人来说，做这样的"懒人"并非会让他得到享受和放松，只会在心理和生理上加剧衰老。

消除由这种情况导致忧虑的最好办法就是，让自己忙着，没有时间忧虑。一般来说，在图书馆、实验室从事研究工作的人很少因忧虑而精神崩溃，因为他们没有时间去享受这种“奢侈”。

“没有时间去忧虑”是丘吉尔在战事紧张到每天要工作 18 个小时的时候说的。当别人问他是不是为那么重的责任而忧虑时，他说：“我太忙了，我没有时间去忧虑。”

原通用公司的副总裁柯特林先生负责公司的研究工作，当年他穷得要用谷仓里堆稻草的地方做实验室，家里的开销，都得靠他太太教钢琴所赚来的 1500 美元。后来，他又跑去用自己的人寿保险做抵押借了 500 美元。在那段时期，他的太太非常忧虑和担心。她有时担心得睡不着觉，可是柯特林先生一点也不担心。他整天埋头在工作里，没有时间去忧虑。

为什么“让自己忙着”这么一件简单的事情，就能够把忧虑赶出去呢？这是因为，人不可能在同一时间内想几件事，如果在同一时间你很忙，脑子里专注于你正在做的这件事，就不会胡思乱想，其中也包括忧虑在内。让我们来做一个实验：假设你现在靠坐在椅子上，闭起两眼，试着在同一个时间内去想自由女神、你明天早上打算做什么事情。

你会发现，你只能轮流想其中的一件事，而不能同时想两件事情。对你的情感来说也是这样。我们不可能既激动、热诚地去想一些很令人兴奋的事情，又同时因忧虑而疲累下来。这样，一种快乐向上的感觉就会把悲观忧虑的感觉赶出去。

因而，我们想要克服忧虑，就不要去想那些让自己忧虑的事情。让自己忙起来，你的血液就会开始循环，你的思想就会开始变得敏锐。让自己一直忙着，这是世界上最便宜的一种药，也是最好的一种。

不管什么时候都有许多事情要做，要克服忧虑，你不妨从随便遇到的一件事入手。不要在意是什么事，关键在于打破游手好闲的坏习惯。换个角度说，假如你要躲开某项杂务，就要立即从这项杂务入手。不然，这些事情还是会不停地困扰着你，使你厌烦而不想动手。

6 勿因小事，手足无措

不要让自己因为一些应该丢开和忘记的小事烦心，要记住：生命太短促了，不要再为小事烦恼。

在我们的生活中，总会遇到一些不如意的事情。在我们每个人的心目中，也会本能地将遇到的事情分为大事、小事。而很多时候我们经常在为一些小事沮丧，总是专注于忧虑一些小问题，从而把问题过度放大了。

很多人可能都知道“不要为打翻的牛奶哭泣”的故事。在纽约的一所中学里，保罗博士拿了一瓶牛奶在实验室里讲课。他故意把牛奶打翻在水槽中，然后叫学生到水槽前看一看并教育他们：遇到挫折时不要沮丧，而是把它忘记，然后关注下一件事。

“不要为打翻的牛奶哭泣”这句话包含了深刻的哲理：过去的已经过去，不能重新开始，不能从头改写。为过去哀伤，为过去忧虑，除了劳心费神、分散精力之外没有一点益处。

不要让自己因为一些应该丢开和忘却的小事烦心。很多其他的小忧虑也是一样，我们把自己弄得整个人很沮丧，只不过因为我们夸张了那些小事的重要性……

一个女孩遗失了一块心爱的手表，一直闷闷不乐，茶不思、饭不想，甚至因此而生病了。

神父来探病时问她："如果有一天你不小心丢了10万元钱，你会不会再大意痛失另外20万呢？"

女孩回答："当然不会。"

神父又说："那你为何要让自己在丢了一块手表之后，又丢掉了两个礼拜的快乐？甚至还赔上了两个礼拜的健康呢？"

女孩如大梦初醒般跳下床来，说："对！我拒绝再损失下去，从现在开始我要想办法，再赚回一块手表。"

果然，她努力打工，又买回了一块更加喜爱的手表。

人生不如意的事很多，忧虑在所难免，但我们切不可沉溺于忧虑的泥潭中不能自拔，而应尽快调整心态，采取积极的行动来改变已遭到改变的生活！

其实，我们要克服一些琐事引起的忧虑和烦恼，只要把看法和重心转移一下就可以了，也就是让自己持有一个新的、让人开心的看法。

美国的一位老海军曾回忆说："1945年3月，我在中南半岛附近276英尺（约84米）深的海下，学到了一生中最重要的一课。当时，我正在一艘潜水艇上，我们从雷达上发现一支日军舰队——一艘驱逐护航舰、一艘油轮和一艘布雷舰正朝我们这边开来，我们发射了三枚鱼雷，都没有击中。突然，那艘布雷舰直朝我们开来，因为一架日本飞机把我们的位置用无线电通知了它。我们潜到 150 英尺（约 46 米）深的地方，以防被它侦察到，同时做好应付深水炸弹的准备，还关闭了整个冷却系统和所有的发电机器。”

“3 分钟后，日本的布雷舰开始发射深水炸弹，6 枚深水炸弹在四周炸开，把我们直压到海底 276 英尺的地方。深水炸弹不停地投下，整整 15 个小时，有二十几枚炸弹就在离我们 50 英尺（约 15 米）的近处爆炸，如果深水炸弹距离潜水艇不到 17 英尺（约 5 米）的话，潜艇就会被炸出一个洞来。当时，我们奉命静躺在自己的床上，保持镇定。我吓得无法呼吸，不停地对自己说‘这下死定了’，潜水艇的温度几乎有 40 多摄氏度，可我却全身发冷，一阵阵冒冷汗。15 个小时后，攻击停止了。”

“显然，那艘布雷舰用光了所有的炸弹后开走了。这 15 个小时，我感觉好像是 1500 万年。我过去的生活一一在眼前浮现，我记起了做过的所有的坏事和曾经担心过的一些很无聊的小事，我曾担忧过没有钱买自己的房子，没有钱买车，没有钱给妻子买好看的衣服。下班回家，常常和妻子为一点芝麻小事而吵嘴。我还为我额头上一个小疤——一次车祸留下的伤痕发愁。多年之前，那些令人发愁的事，在深水炸弹威胁到生命时，显得那么荒谬、渺小。我对自己发誓，如果我还有机会再看到太阳和星星的话，我永远不会再忧愁了。在这 15 个小时里，我从生活中学到的，比我在大学念 4 年书学到的还要多得多。”

生命太短促了，我们不能再只顾小事！我们活在这个世上仅有短短的几十年，而我们浪费了许多不可能再补回来的时间，去忧愁一些在一年之内就会被所有人淡忘了的小事。请不要这样，让我们把精力只用在值得的事情上，因为生命实在太短促了。

7 疲劳之前，先行休息

不知你是否有这样的感觉，许多时候我们的疲劳并不是因为工作，而是因为忧虑、紧张或不快的情绪。

身体过度疲乏常常会使我们失去心理平衡，从而使我们的心情极不愉快。所以医生说，过度的劳累会降低我们对感冒和其他多种疾病的抵抗能力。而每一个精神科医生也都知道，疲劳也容易让人恐惧和不安。因此我们可以这样说：防止疲乏和劳累，从某种意义上说也可以防止心理平衡的失调。

当发现自己很苦闷、很疲惫的时候，可以先找个可以倾诉的人。与此同时，休息一下或者放慢速度，学会灵活地“急刹车”也至关重要。只有那些正在苦恼的人容易告诫并鞭策自己“不能泄气，不能服软，不能玩耍，必须要努力”，他们根本不会休息或享受生活。

程女士是一个个人经营的批发商，近来一段时间经常头痛，有时头晕目眩直想吐，月经也变得不正常了，每月一到月经前后，她就更加心烦意乱。压抑、忧郁的病痛压得她喘不过气来，她感觉活得太苦太累太没意思，多少次她在茫茫无望中想到了死……

事情的起因要从1980年说起。那年程女士以5分之差没有考上大学，但机遇待她还算不薄，年底她就以总分第三名的成绩，被招募进一家效益颇好的大型国有企业，第二年又在职进修学习两年。两年结业后，她被分到当时最热门的销售科。她为主管对她的信任而自豪，全身心地投入到工作中，年年都出色地完成交给她的各项任务。

那时，虽然她每天起早贪黑、没日没夜地工作，工作又苦又累，但她感到非常满足。然而到了20世纪80年代末，他们的产品开始滞销，而且一年不如一年；到1991年，工厂已处于半停产状态，工人一批批被迫放假回家；到1995年夏天，工厂完全停产，她也成了最后一批离职员工。

程女士离职后，家里生活也还过得去，丈夫也劝她好好在家休息一段时间。但过度的清闲却让程女士很不适应，在家坐立不安，忧郁、无奈时时缠绕着她。她唯一的指望是能让她早日复工。谁知半年后盼来的结果，是工厂被租走，人家根本就不用原来的工人。

回工厂上班的希望破灭了，于是在丈夫的支持下，程女士自己开了店，苦累不说，令她最感到不是滋味的是，以前工作都是别人来求她，可如今她却每天得赔着笑脸去求别人，去迎顾客。以前她根本就瞧不起小商贩，认为他们是那样俗气，为了钱斤斤计较，尔虞我诈，现在自己也变成了那种小商贩，每天不得不为了一点钱的事与人计较。

一般来说，自己开店再怎么样也比上班要赚得多，但她心里就是高兴不起来，总有种不想做的念头。但这时已投入了不少资金，而且，儿子很快就要初中毕业，念高中少不了要一大笔钱，因而她心里虽然极不情愿，却又不得不起早贪黑地做。她不仅经常感到心烦，还常常失眠，有时一阵阵地想哭。虽然她去看过几次医生，服过安眠药和补心安神的中药，却没有什么效果。

就这样，她气色一天不如一天，每天心神不定，觉得困倦无力、打不起精神……最后，几乎绝望的程女士抱着一线希望求助了心理医生。

心理医生为程女士做了详细的心理检查，发现她是由于过度疲劳导致了忧虑。

因此，我们强调，防止疲乏和内心不安的第一条原则应当是休息。在身体还没有过度劳累之前，一定要休息。因为疲劳容易使人产生忧虑，或者至少会使你较容易忧虑。任何一个还在学校里学医的学生都会告诉你，疲劳会降低身体对一般感冒和疾病的抵抗力；而任何一位心理治疗家也会告诉你，疲劳同样会降低你对忧虑和恐惧等感觉的抵抗力。所以防止疲劳也就可以防止忧虑。

“休息并不是绝对什么事都不做，休息就是修补。”短短的休息时间，就能有很强的修补能力，即使只打 5 分钟的瞌睡，也有助于防止疲劳。爱迪生认为，他无穷的精力和耐力，都来自他能随时想睡就睡的习惯。

因此，防止疲劳和忧虑，就要常常休息，在你感到疲倦之前就休息。下面这位女士就做得非常好。

她经常把去国外出差的飞机舱当作放松的场所，因为在那里她可以安静地写作，或是因看电影而潸然泪下，或是一个人静静地发呆。

她是一家公司的高级主管，同时也是一个大家庭的主妇，有一个年老需要照顾的婆婆。丈夫虽然不错，但观念却极其传统，他认为所有的家务本来就应由妻子一人承担。她说，也不是因为苦于在大家族中搞不好人际关系，只是她本身就承担着很多责任，在那种氛围里也不好说自己很累。

于是她就经常以看病为由去国外，虽然也看病，但主要是到妹妹家住一个星期。这对她来说是一次很好的休息。作为一个家庭主妇，她很难张口说“我要去旅行”或者“我想休息一段时间”，而“看病”就是一个非常好的出去放松的借口。

这位女士把自己的身心平衡掌握得很好，可以保证自己有一个很好的精神状态，可以说，她已经成功地掌握了心灵自制力的要领。

在平常就想好一些休息的理由、放松的方法，有助于较好地发挥自己的潜力。方法则因人而异，你也试着找找合适自己的吧。

第十章　把脉情绪，综合调适

现代社会纷繁复杂，瞬息万变，人们生活在当今这个物欲追求日益膨胀，人际关系也越来越微妙、复杂的社会之中，必然会受到各式各样的刺激，会遇到许许多多意想不到的挫折。如果不能做到自我控制和自我调适，就会产生心理失衡，造成心理障碍。但如果你能做到诚实做人、认真做事、奉献社会、享受人生，你就是一个活得精彩的人。

1 管好情绪，快乐常驻

情绪是一把双刃剑，如果不会有效地运用和管理，你就永远不知道下一步它会给你带来什么。

如果一个人早上起来心情非常好，尽管有很多繁重的工作需要处理，而且生活中的小事不断，但这一天也会过得很开心。反过来，如果他的心情很沮丧，哪怕日子再悠闲，有趣的事情再多，也会觉得无聊透顶。

显然，一个人的情绪左右着他的生活，直接影响着这个人的生活质量。这时就要求我们对自己的情绪进行深层的管理。情绪压力大师李中莹认为，情绪是可以管理的，当我们改变观念思想，当我们找到负面经验的正面价值，当我们在突破自己中找到提升能力的感觉，我们完全可以变得更加成功和快乐。

法国有一位名叫布克原的天主教徒，1536 年，他因反对罗马教廷的刻板教规，被捕入狱。他原是一位钟表大师，入狱后，被安排制作钟表。在那个失去自由的地方，不管狱方采用什么样的高压手段，他都无法制作出日误差低于 1/10 秒的钟表。可是，入狱前，在自己的工作坊里，他的钟表可以精确到日误差低于 1/100 秒。

难道是技艺随着时间的流逝而消失了吗？并不是这样。当他越狱逃往日内瓦，重新开始自由幸福的生活的时候，他惊喜地发现，他又可以制作出误差低于 1/100 秒的钟表了。

原来，真正影响钟表准确度的不是环境，而是制作钟表时的情绪。情绪有着“天使”与“魔鬼”的双重身份：管理恰当，会为我们的事业锦上添花；管理不当，又会使我们的事业和生活一塌糊涂。

管理自己的情绪，说起来简单，做起来难。最重要的是要有管理情绪的理念，解铃还须系铃人，情绪源于我们自身，那么消除负面情绪的“解药”一定掌握在我们自己的手中。

有一则小故事：

由于气候不佳，班机时间改变，许多人挤在机场柜台前，乱成一团。有一个很胖的男人拿着行李走过来，大声地跟柜台人员说，他是头等舱的客人，要求航空公司一定要马上处理他的问题，结果柜台小姐请他去排队。

这个人很不客气地冒出一句：“你知道我是谁吗？”这时，这位柜台小姐利用广播向所有正在排队的人说：“这里有位先生不知道他是谁，有没有谁可以告诉他呢？”没想到，这个粗鲁的人开口就骂人。而这位勇敢的小姐冷静地回应：“你还是得排队！”

一般人被骂往往会相当气愤，但这位小姐能够管理自己的情绪，处理一件可能引发冲突的事件，也同时达成了她的工作使命。

在现实生活中，只要我们学会一定的方法，也可以将情绪管理得很好。

1. 体察自己的情绪。你要常问自己：“我现在的情绪是什么？”例如，当你因为朋友约会迟到而对他冷言冷语，问问自己：“我为什么这么做？我现在有什么感受？”如果你察觉你已对朋友多次迟到感到生气，你就可以对自己的生气做更好的处理。

有许多人认为“人不应该有情绪”，所以不肯承认自己有负面的情绪。要知道，人是一定会有情绪的，压抑情绪反而会带来更不好的结果，学着体察自己的情绪，是情绪管理的第一步。

2. 适当表达自己的情绪。我们继续以朋友约会迟到的例子来看，你之所以生气可能是因为他让你担心。在这种情况下，你可以婉转地告诉他：“你过了约定的时间还没到，我好担心你在路上发生意外。”试着把“我好担心”的感受传达给他，让他了解他的迟到会带给你什么感受。

什么是不适当的表达呢？例如，你指责他：“每次约会都迟到，你为什么都不考虑我的感受？”当你指责对方时，也会引起他的负面情绪。他会变成一只“刺猬”，忙着防御外来的攻击，没有办法站在你的立场为你着想。他的反应可能是：“路上塞车嘛！有什么办法，你以为我不想准时吗？”如此一来，两人开始吵架，别提什么愉快的约会了。如何适当表达情绪是一门艺术，需要用心地体会、揣摩，更重要的是，要在生活中运用。

3. 用合适的方法缓解情绪。缓解情绪的方法有很多，比如说，有的人会写信，这也是很常用的方法。当你很讨厌某个人时，你可以在纸上写道：“××是世界上最可恶的混蛋……”把你能想到的最恶毒的话通通写下来。写完之后就把信放在桌子上，第二天早上你再看，会觉得很可笑。

你还可以弄个沙袋，然后用力打沙袋，把怒气都发泄出去。

此外，有些人还会痛哭一场，有些人会找三五好友诉苦一番，还有一些人会逛街、听音乐、散步或逼自己做别的事情以免总想起不愉快的事。

要提醒大家的是，缓解情绪的目的在于给自己一个理清想法的机会，让自己好过一点，也让自己更有能量去面对未来。如果缓解情绪的方式只是暂时逃避痛苦，尔后需承受更多的痛苦，这便不是一个合适的方式。有了不舒服的感觉时，要勇敢地面对，仔细想想，为什么这么难过、生气？我可以怎么做，将来才不会再出现这样的情况？怎么做才能减少我的不愉快？这么做会不会带来更大的伤害？

从这几个角度去选择适合自己且能有效疏解情绪的方式，你就能够控制情绪，而不是让情绪来控制你！

2 90/10 法则，让人快乐

只要你能了解并熟练运用“90/10 法则”，你就能改变眼下糟糕的状况！

我们每个人都心存希冀，我们的梦想也多种多样，我们想要住在什么样的地方？谁会在我们身边？我们会做些什么？我们会有何种体验？

当然，我们的梦想也在不断地发展变化，不过，它们都或明或暗地表达了我们的某种生活目的。进一步说，我们都清楚地意识到，我们想达到那些预期的目的，需要越过重重障碍。而在大多数情况下，最大的障碍正出于我们自身。

“我想找个好伴侣，能和我一起到老，可我总是不好意思开口。”

“要是我工作再努力一点就能得到晋升。”

“为什么我长得不漂亮？”

“我总是紧张得要命，什么事也做不了。”

“我做什么都缺乏自信。”

说这样话的人在生活中很常见，他们似乎从没有快乐过：倒霉的日子接二连三，糟糕的事情一件接着一件，烦恼也源源不断，每天都过得忧心忡忡，焦虑、愤怒、暴躁影响着自己的生活和工作。这是多么讨厌、多么残酷的生活！如果恰巧你就是这样的人，请别气馁，只要你能了解并熟练运用“90/10 法则”，你就能改变这一切！

那么，到底什么是“90/10 法则”呢？简单地说，生活的 10%，由发生在你身上的事情所组成；而另外的 90%，则由你对所发生的事情的反应所决定。它内在的含义是：我们确实无法控制发生在我们身上的 10%。比如，我们无法阻止我们的车一天天变旧；也无法不让飞机误点，尽管它打乱了我们整个行程安排；一个普普通通的司机就能使我们遇到令人恼怒的延误。

以上这些都属于那 10%，我们都控制不了。但另外的 90%就不同了。你完全能决定这另外的 90%！怎么决定呢？靠你的反应！你虽然不能控制一盏红灯，但你完完全全能控制你的反应。

举个例子：你们全家正在吃早餐，你的儿子不小心打翻了汤碗，并泼洒了你一身。接下来发生的事情就将取决于你的反应了。这时，你严厉地责骂了儿子，他伤心地哭了。你又转向你的另一半，埋怨对方不该将汤碗放在桌边，一场口舌之争就开始了。你怒不可遏地跑到楼上，换一身衣服，这时你发现儿子只顾着哭，没吃完早饭，也错过了校车，而这时你的另一半也必须马上去上班，你只好急急忙忙地开车送儿子去学校。因为时间晚了，你开车超速，到了学校还是延误了 15 分钟，并被开罚单。20 分钟后，你来到办公室，却发现自己忘记带公文包了。于是你倒霉的一天就这样开始了，而且随着时间的流逝，变得越来越糟糕。等你下班回到家中，你发现，你和家人之间别别扭扭的。

你为什么会有这么糟糕的一天呢？有四个可能的原因：

A. 是汤碗引起的吗？

B. 是儿子引起的吗？

C. 是交通警察引起的吗？

D. 是你自己引起的吗？

很显然，答案是 D。你对打翻汤碗这件事没有掌控好你的反应，你的反应导致了糟糕的一天。

如果我们换一种反应呢？结果肯定大不相同。汤洒到你的身上，你的儿子见状快哭了。你温和地说道："没事的，宝贝，下次多加小心就是了。"你随手拿一条毛巾，边擦衣服边跑到楼上，在换了衣服和取了公文包后，你很快下楼来。你看到儿子上了校车，他转过身来，向你挥手道别。在你和你的另一半上班之前，你们亲切地吻别。你提前 5 分钟来到办公室，高高兴兴地跟同事打着招呼。你将拥有开心的一天。

注意，这两个不同设定的区别在于，尽管它们都有同样的开始，却有完全不同的结果。为什么呢？因为你反应的不同。还是那句话，你控制不了所发生的 10%，但你完全可以通过你的反应决定剩余的 90%。

如果你学会使用"90/10 法则"，你的生活将与以往有很大的不同。

如果有人说了你的坏话，你应该让那些话像玻璃上的水珠那样，自行滚落。

如果开车上班时路上塞车，你与其大发脾气、咒骂，倒不如使用"90/10 法则"，保持冷静。

如果你一时找不到工作，为什么要失眠或者怒火冲天呢？这时你可以把你用来忧虑的精力和时间学习，或重新去找一份工作。

这样是不是很好？这就是能让人变得快乐的、奇特的“90/10法则”！

3 控制情绪，三招化解

人类存在着情绪上的周期变化。你可以通过有意识的记录观察自己的情绪变化规律，由此可以提前预测自己的情绪，避免因为情绪的变化影响你的学习和生活。

有一个男孩失恋了，他很难受，于是无精打采地到酒吧喝酒，直到酩酊大醉才踉踉跄跄地回了家，从此一蹶不振。另一个男孩也失恋了，他也跑到酒吧喝酒，但却是为了庆祝：他觉得自己自由了，又可以重新“飞翔”了。在酒吧，他与另一位单身女孩友好地攀谈，寻找并制造着另一种契机。

也许你也有过类似的经历，你会选择哪种处理方法呢？这就要看你的情绪控制力了。

情绪控制最重要的是调整注意力方向，关注人生中好的一面。比如，当你早晨起床后，你可以问自己：“今天有什么事情是值得自己高兴的？今天有什么事值得骄傲？今天有什么事值得振奋？今天有什么事值得感恩？”问完这些后，试着找到答案，或者对自己说：“因为我有一个理想的工作，所以我很骄傲；因为我的父母非常疼爱我，所以我感到温馨；因为我今天气色不错，所以我很有精神。”总之，要在脑海中让自己看到一些美好、成功的景象，这样便能够让自己感受到良好的情绪。具体来说，有3个小诀窍可以参考：

1. 当不好的事情发生时，不妨先问问自己：“发生这件事情对我有什么好处？我可以从中学到什么？从今以后，我应该怎么做才能避免发生这样的错误？”失恋后倘若能静下心来，想想恋人为什么一去不回头，可能失恋就变得积极而有益了。假如是自己做得不够好，就可以从中吸取教训，以免碰到下一个意中人时，又重蹈覆辙；假如是对方不懂得珍惜，那这样的人又有什么值得自己倾注所有的情感？如此一来，消极的情绪自然也就找到出口了。

相反的是，有些人遭遇不顺经常自问的却是：“我怎么这么倒霉？我怎么这么不如别人？”不好的情绪犹如愈加浓密的乌云，这种做法是很愚蠢的。

2. 当事情发生时，改变情绪最快的方法就是改变身体状态。要有良好的情绪，要先有积极的动作；要有积极的动作，要先有愉快的笑容和动作。

我们都知道，一个人高兴的时候，一定会有高兴的动作，比如手舞足蹈、愉快的笑容等；而一个人不高兴的时候，则会垂头丧气，两眼无神。这证明一个人的心理状态会影响到身体状态。心理学上有一个很重要的发现，就是想要改变情绪，想要改变心理，最快的方法就是改变身体状态。只要我们改变自己身体的状态，就能改变当下的情绪。例如，一个人到了舞厅，跳了20多分钟的舞，会很兴奋，这时你如果问他为什么这么高兴呢？他会说：“跳舞当然高兴了！”也就是说，没有发生任何特别的事情，也可以很高兴，只要他做出高兴的动作。

一个人的肢体动作可以创造情绪，这是身心互动的原理。进一步说，要有愉快的情绪，就要先有愉快的笑容和动作。

那么，想要自信要怎么做呢？假装你很有自信，当然要做出自信的动作：雄赳赳，气昂昂，双眼有神，走路快速，腰杆挺直。想想成功的人是怎么做的？他们通常都很有朝气，气定神闲。你也要这么做，只要你能做出来，就能感受到自信的情绪了。

3. 只要改变一种语气，就可改变一种情绪。在当今时代，如果你留心一下身边的人，就会发现“累”“烦”这样的字眼经常挂在他们的嘴边。如果我们仔细观察就会发现，凡是爱说“压抑”“痛苦”“无聊”的人，通常情绪都比较低落。

消极或负面的用语不但束缚自己，也会影响别人。比如老板和自己的员工沟通，可以把“你这件事情没做好”换成“你觉不觉得这件事情可以再做得好一点”，把“你这样表现很差劲”换成“你还有更大的进步空间”，员工听了肯定会备受鼓舞，会将自己的工作做得更好。

在三国历史中，有一次，张飞带兵打仗，因为没有计划好而打了败仗。张飞让军队撤退，士兵们情绪很低落。张飞说：“我们不是撤退，只是换个方向前进。”大家一听，好，那就换个方向前进吧。

所以，要改变说话的方式，避免渲染或夸大自己的痛苦和不快。你可以说自己只是有一点难过需要释放，有一点压力需要放松，而不要“为赋新词强说愁”，这样就可以让自己保持良好的情绪。

4 情绪转向，善于疏导

我们的情绪有时和拥挤的交通一样，需要适时转向，这样才能更好地为我们的心灵导航。

面对拥挤的交通，你是不是应该让你的车轮转向呢？应该是这样的，我们没有必要把时间和精力浪费在塞车上。

人的心情有时候也会像杂乱的交通一样，各种各样的情绪一起涌上心头，让人觉得痛苦不堪。这个时候，我们也需要一个心灵疏导，给情绪一个合理的释放机会。

首先我们要学会情绪转向。不管是好心情还是坏心情，都必须有一个转向过程。当我们心情极度兴奋的时候，要学会情绪转向，以免太过激动而发生不必要的麻烦。当我们心情极度低落的时候，也要情绪转向，以防一蹶不振。只有做到这样，一个人才能算是真正的成熟。

情商高的人不管遇到什么样的事情，他们都善于接受那些不可避免的事实。所以这类人在感到沮丧、生气甚至是紧张的时候，他们总会先接受这种不可避免的事实，然后再用情绪转向来释放自己的情绪。他们并不会因为所面对的事情不是他们想要的，就采取一种逃避甚至抵抗的态度，相反，他们会很自在地接纳这些已经发生的事情，既不恐慌，也不沮丧。因为他们知道这些事情总会过去，即便你再抵抗、再沮丧，事情还是照样发生了，与其这样，还不如接受。

有一天，著名的宗教家马太·亨利在去传道的路上，一群强盗把他劫持了，不仅把他暴打一顿，还把他身上所剩的一点钱也抢走了。但是他还是没放弃去传道，继续前行……

后来，亨利在日记中写道："我要感谢上帝，感谢上帝保护我，我真的是太幸运了。"接着，在以后的日记中他列出了之所以说自己幸运的几个理由：

• 我在此之前竟然从来没有遇到过类似这样不幸的事情，这次被我遇见真是幸运。

• 强盗只是抢走了我的钱，没要我的命，说明这个强盗还是很仁慈的。我真是幸运，遇到这样的强盗。

• 他们只是抢走我身上的钱而已，并没有抢走我所有的财产。而那些钱是可以再赚回来的，因此我也感到自己真的很幸运。

• 是他们抢我的钱，而不是我抢他们的钱，愿上帝原谅他们的一时无知。

亨利在被强盗抢走了所有的旅费之后还能这样想，甚至列出了这么多让自己感到幸运的理由，真是不容易。他的这些理由不仅能自我安慰，也能给自己一个释放情绪的理由。亨利真不愧是一个情绪转向的高手，他这么想的结果，就是他在传道的过程中一直保持很高的积极性，并没有受到此劫难的影响。

显然，亨利是一个非常明智的人，在面对不可避免的事实的时候，不是抗拒，不是逃避，而是试着让情绪转向，使自己的心灵进入正向状态。

5 遇事想开，莫要较真

学会不在意的人，是超越了自我的人，也是活得潇洒的人。没有了琐事的羁绊和烦扰，身心也就获得了解放，自有一片自由的天地任你驰骋。

现实生活中，我们有许多的烦恼、不安，其实都是因为过度在意而引起的。过度在意的人，每天都会惹出许许多多的是非来。

有一对夫妇，在吃饭闲谈时，妻子一不小心说了一句不太好听的话，没想到，丈夫细细地分析了一番，心中不快，与妻子大吵大闹起来，直至掀翻了饭桌，拂袖而去。

细细想来，这真是太不值了，以小失大，得不偿失。像他们这样的人实在是太在意身边那些琐事了。其实，许多人的烦恼并非是由多么大的事情引起的，而恰恰是对身边的小事过度在意的结果。比如，有的人喜欢句句琢磨别人对他说过的每句话，对别人的过错更是加倍抱怨；有的人对自己的得失念念不忘，对周围的事物过于敏感，而且总是曲解和夸张外来信息。这种人其实是在用一种狭隘、幼稚的认知方式，为自己营造一个可怕的“心灵监狱”。他们不仅使自己活得很累，而且也让周围的人感觉累。

显然，过度在意琐事的毛病会严重影响我们的生活质量，使生活失去光彩。这是一种最愚蠢的选择。因此，我们要管理好自己的情绪，提高自我控制力，还要学会不在意，换一种思维方式来面对眼前的一切。

有一个女孩，她毫无道理地被老板炒了鱿鱼。中午，她坐在喷泉旁边的一条长椅上黯然神伤，感到生活失去了颜色，变得黯淡无光。这时她发现不远处一个小男孩站在她的身后“咯咯”地笑，就好奇地问小男孩：“你笑什么呢？”

“这条长椅的椅背是早晨刚刚漆过的，我想看看你站起来时背后是什么样子。”小男孩说话时一脸得意。

女孩一愣，突然想到：昔日那些刻薄的同事不正和这小家伙一样，躲在我的身后想窥探我的失败和落魄吗？我决不能让他们的用心得逞，我决不能丢掉我的志气和尊严。

女孩想了想，指着前面对那个小男孩说：“你看那里，有很多人在放风筝呢。”等小男孩发觉自己受骗而恼怒地转过脸来时，女孩已经把外套脱了拿在手里，她身上穿的鹅黄的毛衣让她看起来青春漂亮。小男孩甩甩手，嘟着嘴，失望地走了。

生活中的失意随处可见，就如那些油漆未干的椅背，在不经意间让你苦恼不已。但是如果已经坐上了这样一个椅子，也别沮丧，以一种“不在意”的心态面对，脱掉你脆弱的外套。你会发现，新的生活才刚刚开始！

学会不在意，不要什么都当一回事；不要去钻牛角尖；不要太计较面子；不要事事“较真”、小心眼；不要把那些微不足道的鸡毛蒜皮的小事放在心上；不要过于看重名与利的得失；不要为一点小事而着急上火，动不动就大喊大叫，以至因小失大，后悔莫及。要知道，人生有时真的需要一点“傻”。

学会不在意，可以给自己设一道心理保护防线。这样不仅不去主动制造烦恼的信息来自我刺激，而且即使面对一些真正的负面信息和不愉快的事情，也会处之泰然，置若罔闻，不屑一顾，做到“身稳如山岳，心静似止水”。这既是一种自我保护的妙方，也是一种坚守目标、排除干扰的良策。

当然，不在意不是逃避现实，不是麻木不仁，不是消极颓废，不是对什么都无动于衷，而是在奔向人生远大目标途中所采取的一种洒脱、放达、飘逸的生活策略。倘能如此，你自然会拥有一个幸福美妙的人生。

6 遭遇压力，积极调适

对新情况迅速、及时的反应，是人类的本能。一般来说，面对周围发生的新情况，每个人都会出现生理的、心理的反应，这是具有良好适应性的表现。

大家在看有关心理知识方面的书籍时，经常遇到“应激”这个名词。什么是应激呢？我们举个例子，一出门吸了一口冷空气，马上打了一个喷嚏。这个喷嚏就是应激。这是生理上的应激，是我们的呼吸系统对冷空气的应激反应。

应激是人体应对外界刺激的一种反应。通俗的解释，就是我们在面临新情况时的一种突发反应。应激可不是什么病。我们随时随地都可能遇到各种各样的新情况，这时如果做不出相应的反应，怎么能适应自然和社会的瞬息万变呢？

那什么是应激事件（或称压力）呢？应激事件是突如其来的，

自身无法防范的，对人身安全构成威胁的，或造成实质的伤害的事件。也就是刺激事件超过了个体的平衡和负荷能力，或者非个体的能力所及，而成为压力。中国有句俗谚："一朝被蛇咬，十年怕井绳。"细细品味，我们发现其中蕴含着许多心理学的知识。本来被蛇咬是件小事，把伤口处理好就没事了，可却留下了心理后遗症。为什么会发生这种现象？恐怕脱离不了"外界刺激——内心体验——暗示强化——习惯反应"这种由应激（压力）事件而形成的情境式习惯反应的心理模式，其形成过程通常具备以下几个条件：

- 首次遇到此类压力事件，没有心理准备或存在片面认知。
- 伴随强烈的负面情绪和生理体验。
- 消极暗示，快速盲目归因。
- 通过自我心理类化、强化与放大形成情境式习惯反应。

仔细分析我们身上存在的一些类似不良情绪或习惯反应，不难发现，诸如考试焦虑、强迫行为、恐惧症等都是这样形成的。

那么，面对生活中的压力，我们应该如何调整心理状态呢？

1. **寻找事情的积极面。**以乐观积极的眼光对待生活，不论是看周围世界，还是看他人、看自己，都要从积极的方面看问题。这不是逃避问题、逃避现实。

2. **凭借生活经验解释压力。**生活经验是情绪成熟的重要资源，帮助我们在日常生活中保持稳定情绪。

3. **客观看待事情的发生。**客观地看待发生的事情，也就是辩证地看问题，全面分析问题，灵活处理、灵活考虑问题。灵活思考意味着能够从新的或不同角度看待事情，而不是从一个旧的角度看待事情。当你这么做时，就会出现新的想法和选择。

4. **与朋友、亲人或专业人士谈论。**这些人都会发自内心地关心你，都会站在你的角度考虑问题。而且每个人的角度不同，帮你拓宽了思路和视野，更有利于你找到正确的处理方法。

5. 向有相似经历的人或群体寻求帮助。与有过类似经历的人交谈，可以让自己认识到，你并不孤独，甚至有更强的安慰作用。知道有人理解并能够分享你所经历的事情，会有心理治疗作用，还有助于加深对自己的了解，能够接纳现实的压力，有勇气去经历它、解决它。

6. 不要草率行事。不要草率行事，也就是不冲动，冷静地处理压力问题。冲动地处事有可能会将自己置于危险中，要尽量在行动前将事情考虑全面，创造一个稳定的理性的氛围，为自己提供一种有利于恢复平衡的模式，避免危险。

7. 培养战胜压力的信心。有了压力可以让我们认识到自己的力量和恢复力，而这在平时是不明显的。你会发现你比想象的要坚强，并能从自己的经历中获得新的知识、见识及智慧。

7 别人情绪，理智应对

人的天性决定了群体生活的必然性，在人际沟通中，为了取得更长远的发展，我们必须去照顾他人的情绪、了解他人的想法，而如果还能合理地利用他人的情绪，那么你的人生将会达到一个新的高度。

在情绪的管理上，能够有效地控制自己的情绪是很了不起的事情，但是如果还能善于利用别人的情绪，那就更是高人一等了。

利用别人的情绪，其意义有二：一是在别人情绪低落的时候要尽量避开，免得惹祸上身；二是要看准时机，充分掌握别人的情绪，为我所用。

在第一层意义上，如果我们不注意别人的情绪，就很可能会被别人影响，因为情绪本身具有传染性。

清早，陈玉刚进入工作状态，就听到坐在对面的李小林气呼呼地说："迟到两分钟就要扣钱，真不是人过的日子。扣吧，真没意思，早想跳槽了。"

李小林的抱怨把陈玉从工作状态中拉了出来，抬头看看时间，9 点过 5 分，看来李小林又迟到了。李小林是一个喜欢把个人情绪当众展示的人，非常喜欢抱怨，所以办公室里经常会听到他的牢骚声，言语里总是充满了挑剔，陈玉感到自己时常会受他情绪的影响。

刚进公司的时候，陈玉虽然没有踌躇满志、准备大干一场的热血精神，但对工作还是充满热情的，他渴望经由自己的努力得到上司的赏识。因为李小林在公司已经 4 年多了，算是一名老员工，陈玉有什么问题自己无法解决，就会虚心地向他请教，可每次李小林都懒洋洋地说："这有什么意思？想那么多干什么？说实话，我刚来的时候和你一样，结果呢？还不是这样！"也许李小林的抱怨是无意的，但是已经大大削弱了陈玉的冲劲与热情。

有时候，陈玉也会与他争辩说，只要努力，就一定会有机会。而李小林会不屑地说："算了吧，收起你的那点梦想吧。这个社会只有会混的人、有关系的人才有未来。你没看我们公司那个小赵，比我还晚来一年呢，人家现在是部门经理，听说他是老板的远房侄子。还有那个来了半年就升职的小李，听说是老板朋友的儿子……”

听了李小林的话，陈玉就会怀疑，自己和老板没有任何“瓜葛”，努力会不会有用？有时候，刚说服自己要努力，不要受别人坏情绪的影响，李小林又会悄悄对他说：“我最近看好了一家公司，在市中心办公，办公室装潢很气派，听说公司有 500 多人，哪里像我们这里，办公室不像办公室，上上下下加起来还不到 50 人……”

陈玉一直在李小林的抱怨声中坚持着自己最初的信念，直到后来慢慢动摇，他也渐渐觉得现在的工作没有前途，缺乏发展空间，那些自己订的短期计划、中远期计划，而今早已束之高阁。他想，那有什么用呢？即便努力了，说不定将来也是和李小林一样的命运。

很显然，陈玉已经被李小林的负面情绪感染了，并严重影响到了自己的工作。倘若陈玉早认识这一点，及时避开李小林的负面情绪，那么他也不会受到这么大的影响。

无论是在工作中，还是生活中，我们的心情总是容易被别人的情绪所影响。但是，反过来，如果我们能善于把握别人的情绪，那就不会再出现这样的情况了。我们知道，情由心生，了解一个人的心就是了解一个人的情绪，而对情绪的掌握就是人际沟通中的金钥匙！

约翰、史蒂夫和杰克住在同一个社区里，他们是很好的朋友，有一个共同的特点——怕老婆。

他们的妻子把家庭经济大权牢牢地掌握在手中，使得他们没有自己的私房钱，因为妻子们觉得他们应有的一切都已经提供给他们了，所以也就自然不需要别的什么开销了。三个人天天在一起讨论该怎么要点钱去打个牌什么的，可是试了各种办法都不行。

忽然有一天，另两个人发现约翰居然开始有钱了。这到底是怎么回事？难道他有了其他的生财之道？约翰得意扬扬地告诉他们：

"因为我掌握了我老婆的情绪规律。""情绪规律？"两个人大吃一惊。

"是的。我最近发现妻子每到星期五就会特别高兴。一到星期五的下午，她们那群爱跳舞的人就会聚在一起学习跳舞。除了跳舞，没有什么可以让她这么高兴了。后来我就发现，在她情绪高昂的时候，跟她提什么要求她通常都会答应，我试了两次之后发现果然如此。这就是我的秘密——利用她的情绪。"另外两个朋友哈哈大笑起来，说："看来我们也得去好好研究妻子的情绪了。"

没想到，三个好朋友讨论了那么久的问题，居然这么简单就解决了。

每个人都有自己的情绪低落期，也都有自己的情绪高潮期，我们所要做的就是观察对方的情绪，从而做出相应的行动。

8 总是抱怨，于己无益

不要总去抱怨别人，与其说是别人让你痛苦，倒不如说抱怨是人性中的一种自我防卫机制。

在日常生活当中，我们身边几乎充斥着各式各样的抱怨：抱怨家境背景差，抱怨自己的薪水与付出不符，抱怨自己的公公婆婆对自己不好，抱怨自己的老婆不漂亮，抱怨自己的孩子成绩不好……这些抱怨有些是别人说给自己听的，有些是自己说给别人听的。唯独没有人自己抱怨自己："我为什么有这么多抱怨呢？"

过多的抱怨就像一种慢性腐蚀剂，在腐蚀自己的同时，也在消磨别人的斗志，它就像可以溃堤的蚂蚁，让一个家庭、一个团队、一个社会溃不成军，轰然倒地！

刘英平时在公司是个不拘小节的人，业务绩效好，人能干。上班第一个到，工作认真，遇到需要加班的工作，她还主动承担。平时公司的事、同事的事，她都热心帮忙，能出多大力，就出多大力。可是做了这么多，她就是得不到好评，年底评优良考绩，根本就没有她的份，为此她非常苦恼。为什么呢？她也说不清楚。后来一位同事开玩笑时说出了秘密："她都让自己那张不安分的嘴给害了。"听了这话，她陷入了沉思，一幕一幕的画面浮现在眼前。

一次，公司动员大家到外面搬东西，很多人看到以后，故意跑远了。刘英当时还有点感冒，但她没有想很多，主动帮忙搬东西，累得满头大汗，腰酸腿痛。回到办公室后，她的嘴就没有闲着，发了一大堆的牢骚，如："做事就找不到人了，多数人是属狐狸的，狡猾着呢！""主管这时候不出来看了，做白工！"等等。

又有一次，快下班时，公司突然有工作要加班，可是多数办公室都空了，同事都提前下班回家了。只有刘英等几个人仍然在工作着，加班的任务自然就落在他们身上。第二天到了办公室她又是一顿牢骚，说了大半天，中午到了餐厅还在抱怨。

还有一次，公司发全勤奖金，她看到很多经常迟到早退的人也领到了全勤奖金，牢骚又开始了，如"公司没有严格的标准""主管没有长眼睛，好坏不分"等等。

就这样刘英整天生活在抱怨和牢骚中，公司的各种福利待遇自然也渐渐远离了她，因为没有主管喜欢总是抱怨的人。因此，奉劝职场中人，生活在群体里，一定要管住自己的嘴，否则伤害的是自己。

如果我们把抱怨变成善意的沟通，如果把抱怨变成积极的建议，如果把抱怨变成正面的行动，你就会发现，快乐的生活其实离自己并不远！

有一对夫妻结婚后天天吵架，最后去咨询大名鼎鼎的心理学家密尔顿•艾立克森。艾立克森听完双方滔若江河的抱怨，说了一句话："你们当初结婚的目的，就是为了这无休无止的争吵抱怨吗？"那对夫妻听了顿时无语。据说后来两人重新如胶似漆。

有一种人"宽于律己，严以待人"，认为任何不好的事都是别人的错，其实这是自恋主义者的表现。因为一切以自己为中心，所以任何不利于自己的东西都是他抱怨的对象。

抱怨是人性中的一种自我防卫机制，要完全断绝的确很难。如果你觉得自己根本无法做到停止抱怨，那么至少应该在抱怨的时候提醒自己，这个抱怨只是暂时的出气宣泄，可做心灵的麻醉剂，但绝不是心灵的解救方。

一个真正超越红尘琐事的开悟者，第一要达成的境界就是停止抱怨。面对一切的误解、攻击、诋毁、赞誉、过奖，开悟者都能做到以开放的心坦然承受。

一对夫妇在婚后 10 多年才生了一个男孩，这自然是两个人的宝贝。在男孩 2 岁时的某一天，丈夫在出门上班之际，看到桌上有一瓶打开的药，为赶时间，他只告诉妻子把药瓶收好，然后就上班去了。妻子在厨房忙得团团转，很快就忘了丈夫的叮嘱。男孩拿起了药瓶，觉得好奇，又被药水的颜色所吸引，于是倒进嘴里喝了个干净。这种药水即使成人也只能少量服用。男孩被送到医院后，抢救无效身亡。妻子悲痛之余，更不知如何面对丈夫。紧张的丈夫赶到医院，得知噩耗后非常伤心，看到儿子的尸体，望了妻子一眼，然后给了她一个坚实的拥抱。

认真想想，这件事如果发生在我们任何一个人身上，能不抱怨吗？但是抱怨又有何用呢？将妻子骂一顿、打一顿吗？最终可能闹成离婚，结果可能是家破人亡。其实，这位丈夫很清楚，妻子只是一时疏忽，面对不幸，只有夫妻同心，重新再来，才可能保住一个完整幸福的家。

当我们遇到事情不好的一面时，应先学会思考如何在这里面学习和成长。如果一味发牢骚，而不去改变不好的部分，即使抱怨得肝肠寸断，事情也不会改观。

从前，有个人整天想着当官，却一直不能如愿，为此，他愁肠百结，异常苦闷。有一天，这个人去问上帝："命运为什么对我如此不公？"上帝听了沉默不语，只是捡起了一颗不起眼的小石子，并把它丢到乱石堆中。上帝说："你去找回我刚才丢掉的那颗石头。"这个人翻遍了乱石堆，无功而返。这时候，上帝又取下了自己手上的金戒指，丢到了乱石堆中，让这个人去找。结果，这一次他很快便找到了那枚戒指。上帝虽然没有再说什么，但是他却一下子便醒悟了：当自己还只不过是一颗石子，而不是一块闪光的金子时，永远不要抱怨命运对自己不公平。

生活中有许多不快乐，没有一种生活是完美的，也没有一种生活会让一个人完全满意，我们做不到从不抱怨，但应该让自己少一些抱怨，多一些积极的心态去努力进取。因为如果抱怨成了一个人的习惯，就像搬起石头砸自己的脚，于人无益，于己不利，生活就成了牢笼一般，处处不顺，处处不满。反之，则会明白，自由地生活着，其实本身就是最大的幸福，哪会有那么多的抱怨呢？

9 重建信念，管理情绪

如果你的信念不够强烈或还十分消极，就要注意了，你得调整你的信念，并要具备相应的知识和技能作为你的武器去配合它。

通常，我们认为是一件事情引发了我们的某种情绪，但心理学家艾利斯认为，是我们的信念决定了我们的情绪。比如，两位男大学生约翰和杰克，在校园里碰上同班女同学钟斯，两人同时和她打招呼，但钟斯没理会他们，低着头走过去了。约翰的第一反应是："哦，她可能正在想事情，没看到我们。"而杰克的第一反应是："她怎么会这样？太傲慢了吧，故意不理我们。"

同样的事情，引起了两人不同的情绪反应，而且这种情绪反应接下来还会让两人与钟斯发展出不同的关系。之所以如此，并不在于这件事情的实际情况，而是约翰和杰克的信念，即隐藏在他们第一反应背后的信念。约翰的信念是宽容和自信，他能在第一时间站在对方角度着想，而且相信别人和自己不同，不沟通就不会知道对方怎么想。但杰克的信念则是"以己度人"，他自己是怎么想的，就以为对方也是这样想的。

按照艾利斯的说法，约翰的是合理信念，杰克的是不合理信念。合理信念可以引起人们对事物的恰如其分的情绪反应，不合理信念则容易导致不适当的情绪反应。

李洪彬是一个典型的"胆汁型"（脾气暴躁、直率、精力旺盛）

的人，很容易冲动，小时候在学校就是让老师头疼不已的孩子，一点点小事，他都会不依不饶地和人理论。若是理性地理论倒还好，偏偏他又容易激动，说不了几句就动起手来。每个星期，李洪彬的爸爸妈妈都要到学校把他领回家。

李洪彬的爸爸也是个暴脾气，不懂什么管教孩子的办法，反正孩子顽皮，就觉得“棍棒之下出孝子”，把孩子领回家就打一顿。

还好，李洪彬虽然脾气暴戾，但是成绩很好。高中毕业之后，他进了一家公司做营销部经理。刚进去的时候，也是公司的创业时期，李洪彬的脾气在这个时候派上了用场，他敢冲敢做，很快就为公司打下了一片天下。

但是，李洪彬的情绪仍然不受控制，常常因为手下的员工办事不力而大发脾气，但是因为成绩实在突出，老板都敬他三分，所以周围的同事也就这么得过且过。

可是，就算公司里所有的人都怕他、捧着他，新上门的客户可没理由吃这一套，所以，李洪彬的暴脾气气走了好几个大客户。

老板实在看不下去了，就跟李洪彬好好地谈了一次，劝他注意改善自己的情绪，也为他介绍了一些情绪管理方面的专家。

刚开始，李洪彬还挺有兴趣的，可是当老毛病又犯的时候，却不从自己身上找原因，反而认为专家没用。他对专家说：“反正我就这样了，改也改不掉，还不如就这么下去吧，我也不想费心了。”专家只好摇摇头随他去了。

但是，当李洪彬又一次与客户商谈时，再一次控制不了自己的情绪，导致与客户不欢而散，最后老板也炒了李洪彬的鱿鱼。

心理的阻碍让人很难突破自己，如同上面的李洪彬就是在情绪管理上丧失了合理的信念，在恶劣情绪的影响下，渐渐形成了不合理的信念，而且不再改变，导致了糟糕的结果。

生活中有很多这样的人，当需要在众人面前展示自己或遇到紧急情况时，就难以控制自己的情绪，因为他的脑中一直有不合理的信念，比如我一定要表现出色，我一定要处理好这件事，否则我在众人面前太丢脸了。这种想法会使人更紧张，压力更大，常常会手忙脚乱，把本来可以处理好的事搞得一团糟。

所以，要控制自己的负面情绪，甚至消除它，就要改变不合理的信念。告诉自己，只要尽力尽心了就好，把“一定”改成“希望”，或者说“我希望自己表现得好”“即使这次没有达到自己的预期，还有下次”“加上这次累积的经验一定会有进步的”。

艾利斯经过长时间的研究，还概括出了 12 种最常见的不合理信念：

1. **两极化。**即“非此即彼”的极端想法，只注意事物的两极，忽略中间部分。如“不成功，就是失败”“不是好人，就是坏蛋”。

2. **“糟透了”。**事情没有最坏，只有更坏，但我们容易将自己遭遇到的事情看成是“最可怕的”“无可救药的”，由此陷入极端的焦虑、紧张等不良情绪中。如“考不上 ×× 大学，我就彻底完了”“她不爱我，我是最不幸的”。

3. **过度谦逊。**为了不让人说三道四，我们习惯性地忽略或否定自己的优点。如“这次成绩好，是因为我运气好”“虽然我修好了机器，但这谁都能做到”。

4. **情绪推理。**把即将糟糕的情绪当作事实来看待，并以此决定自己的行为。如“这个人让我不舒服，他一定是个坏蛋”“我好悲伤，一定是他不要我了”。

5. **贴消极标签。**忽视实际情况，给自己、别人贴上固定的标签。

如“我的工作没有价值，我一文不值”。

6. **最大化／最小化。**夸大消极面，缩小积极面。如：一个人数学得优是因为运气好，一个人语文刚及格显示他有多么笨。总之，“这个人不是读书的料”。

7. **度人之心。**以为自己能懂得别人的心思，将自己的推断当成事实，既不理会其他可能性，也不验证。如“见了面也不打招呼，一定是他瞧不起我”。

8. **以自我为中心。**以为大家都会像自己一样想，以为自己看事物的方式就是他人看事物的方式，或坚持认为他人应该遵守与自己相同的价值标准与生活准则。如“我认为妇女应操持家务，所以我的妻子应该把家事都包了”。

9. **假设等于结论。**不看事实，从假设出发直接得出结论。如“今天我上楼走了 13 个台阶，听说数字 13 不吉利，我今天要倒霉了”。

10. **以偏概全。**以一件或几件事推断出全面的结论。如：碰到了一个骗子，便认为天下到处都是骗子。

11. **“应该”和“必须”。**抱有一些固定、刻板、僵硬的观念，用这些观念来约束自己和别人。如：我必须做一个成功的人；我应该赢得所有人的欣赏；别人必须公平地对待我；等等。

12. **不相信他人好的评价。**不相信别人对自己的好的评价。如：别人称赞我，是因为别有所图，或者是出于礼貌，或者是不了解我。

10 放弃悲观，充满希望

每天给自己一个希望，我们将活得生机勃勃、激情澎湃，哪里还有时间去叹息、去悲观失望，将生命浪费在一些无聊的小事上？生命是有限的，但希望是无限的，只要我们不忘每天给自己一个希望，就一定能拥有一个丰富多彩的人生。

人生路上，希望是我们前进的巨大推动力。美国心理学家罗森塔尔有一次到一所中学与一些同学谈话之后，在学生名单中圈出若干个名字，告诉老师说，这些学生很有天赋，前程远大。这些学生中，有优等生，也有成绩倒数的学生，还有成绩平平的学生。听了罗森塔尔的话，老师增强了信心，学生也产生了新的希望。过了一段时间，罗森塔尔再次来到学校，发现他圈选的学生全都有了很大的进步。他向校长说了实话，他圈出的学生是随机选取的，并不真是天才。罗森塔尔正在研究“希望”能够产生的心理效应。事实证明，他唤起了这些学生的希望感，使他们产生了进步的力量。

美国作家怀特说：“生命中，失败、内疚和悲哀有时会把我们引向绝望，但不必退缩，我们可以爬起来重新选择生活。”失败不是人生的滑铁卢，你在这里失败了，还可以在其他地方取得成功，但首先你必须有爬起来的勇气。给自己希望就是给自己成功的机会。一次失败，并不能给自己判死刑，不能否定自己存在的价值。

希望的力量在现实生活中也得到过证明。有位医生素以医术高明享誉医学界，事业蒸蒸日上。但不幸的是，有一天，他被诊断患有癌症，这对他打击很大。他一度情绪低落，但最终还是接受了这个事实，而且他的心态也为之一变，变得更宽容、更谦和，更懂得珍惜所拥有的一切。在勤奋工作之余，他从没有放弃与病魔搏斗。就这样，他已平安过了好几个年头。有人惊讶于他的事迹，就问是什么神奇的力量在支撑着他。这位医生答道："是希望。几乎每天早晨，我都给自己一个希望，希望我能多救治一个病人，希望我的笑容能温暖每个人。"

在逆境中，我们每个人都应该像这位医生一样给自己希望，这样才能激起追求的勇气，支撑自己坚持下去；在绝望中，给自己希望才能发挥一切求生的本能，不坐以待毙。屈原在放逐中赋《离骚》，司马迁受宫刑而作《史记》，他们如果不给自己希望，在失败面前退却，岂不是少了一段千古绝唱、一部史书著作?

单凭一个希望，不采取实际行动，是不行的；但没有希望如行尸走肉一般，却万万不能。没有希望犹如生活没有阳光，你只能生活在阴影中。有先哲曾说："假如你遇到挫折，别后退，只要迎着阳光走下去，前面总是一片光明。"朋友们，如果你失败了，别灰心，给自己希望，给自己另一个成功的机会！

希望可以给人带来巨大的动力。有个心理学家曾做过一个实验，他对试验者进行催眠，然后，对一部分人进行暗示："你有着非凡的力量。"同时对另一些受试者进行相反的暗示，暗示他们疾病缠绵，衰弱不堪。在这两种不同的心态下，对他们进行握力的测试。结果，第一组的成绩非常出色，而第二组的成绩十分低下。

由此可见，面对生活充满希望的人，完全可以改写自己的人生。如果生活中的你，正处于停滞阶段，或者正处于卑微状态，不要颓废，把别人的不屑与歧视当成激励你前进的动力吧！只要你肯付出，永远不放弃希望，你就完全可以掌控好自己的人生。

在一次贸易洽谈会上，张经理和一个年轻人被分进了一家高级饭店的26楼房间。年轻人俯身向下看的时候，觉得头有点晕，便抬起头来望着蓝天。这时，站在他身边的张经理关切地问："年轻人，你是不是有点恐高症？"年轻人回答说："是有一点，可并不害怕。"于是他和张经理聊起了小时候的一件事：

"我家住在山里，那里很穷，学校离家很远，每次上学都要经过一座桥。可是每到雨季，山洪暴发，一泻而下的洪水便会淹没我们放学回家必经的小石桥，老师就一个个把我们送回家。走到桥上时，水已涨到小腿肚，下面是汹涌咆哮的湍流，深不见底，看着让人害怕，不敢挪动半步。这时老师说：'你们手扶着栏杆，把头抬起来看着天往前走。'这招还真灵，我心里没有了先前的恐惧，也从此记住了老师的这个办法，在我遇上险境时，只要昂起头，不肯屈服，就能穿越过去。"

张经理笑笑，问年轻人："你看我像是自杀过的人吗？"看着面前这位刚毅果决的中年人，年轻人一脸惊异。

张经理接着往下说："我原本是个坐办公室的公务员，后来觉得整天养尊处优，活得很没意思，于是从亲戚朋友手中借了10万元经商。可不知是运气不好还是不熟悉商场环境，几桩生意都倒了，欠了一屁股的债，债主天天上门讨债，10万多啊，这在当时可是一笔天文数字，我觉得这辈子都还不起。于是我想到了死。我到了深山里的悬崖上，正要往下跳的时候，耳边突然传来声音苍老的山歌。我转过身子，远远看见一个采药的老者，他注视着我。我想他是以这种善意的方式打消我轻生的念头。我在悬崖边找了片草地坐下，等到老者离去后，我再走到悬崖边，只见下面是一片黝黑的树林，这时我倒有点后怕，退后两步，抬头看着天空，希望的亮光在我大脑里一闪，我选择了重生。回到都市后，我从打工做起，一步步走到了现在。”

人生之路总是坎坎坷坷，面对大小困难，如果对自己过分苛刻，那么你只能生活在灰暗、阴沉的天空下。没有希望，犹如在黑暗的大海上没有灯塔，很容易失去方向。我们要知道，一次失败不代表永远的失败，只有给自己希望，才能从失败中站起来，取得成功！

附录：4篇自我情绪测试

测试1：焦虑程度测试

认真回答以下20道题，你可以依照主观感受来进行评定。

1. 你的上司偶尔对你微笑，使你紧张不安。（ ）

A. 很少　B. 有时　C. 经常　D. 总是

2. 当有人说他刚买的贵重物品丢了，你担心他怀疑是你偷的。（ ）

A. 很少　B. 有时　C. 经常　D. 总是

3. 当传闻说地球将要毁灭时，你疯狂抢购各种物品。（ ）

A. 很少　B. 有时　C. 经常　D. 总是

4. 经常做噩梦被人五马分尸。（ ）

A. 很少　B. 有时　C. 经常　D. 总是

5. 阳光明媚的清晨，你却觉得今天一定会倒霉。（ ）

A. 很少　B. 有时　C. 经常　D. 总是

6. 天气不是很冷，你却常常感到手脚冰凉。（ ）

A. 很少　B. 有时　C. 经常　D. 总是

7. 在办公室里经常感到头晕目眩，全身酸疼无力。（ ）

A. 很少　B. 有时　C. 经常　D. 总是

8. 晚上即使没有熬夜，白天也打不起精神。（ ）

A. 很少　B. 有时　C. 经常　D. 总是

9. 你总是感觉心烦意乱，不能安静地坐一会儿。（ ）

A. 很少　　B. 有时　　C. 经常　　D. 总是

10. 即使乘电梯上楼，你也常常心跳加快。（ ）

A. 很少　　B. 有时　　C. 经常　　D. 总是

11. 别人的嘲笑曾使你发生过晕眩，而现在却成为家常便饭。（ ）

A. 很少　　B. 有时　　C. 经常　　D. 总是

12. 你经常因为胸闷、气短而频繁地唉声叹气。（ ）

A. 很少　　B. 有时　　C. 经常　　D. 总是

13. 睡觉时手脚感觉像被蚂蚁咬一样，一阵阵的刺痛发麻。（ ）

A. 很少　　B. 有时　　C. 经常　　D. 总是

14. 饮食很规律也很讲究卫生，但经常腹泻。（ ）

A. 很少　　B. 有时　　C. 经常　　D. 总是

15. 你在街上走路时，会突然感觉天旋地转，不得不扶着墙休息一下。（ ）

A. 很少　　B. 有时　　C. 经常　　D. 总是

16. 与陌生人见面时不愿与人握手，因为紧张使你手心出汗。（ ）

A. 很少　　B. 有时　　C. 经常　　D. 总是

17. 明明没怎么喝水却总是想上厕所。（ ）

A. 很少　　B. 有时　　C. 经常　　D. 总是

18. 当有人注视你的时候，你总是羞得满脸通红。（ ）

A. 很少　　B. 有时　　C. 经常　　D. 总是

19. 经常因为白天发生的不愉快，晚上难以入睡。（ ）

A. 很少　　B. 有时　　C. 经常　　D. 总是

20. 睡眠质量不高，经常被噩梦吓醒。（ ）

A. 很少　　B. 有时　　C. 经常　　D. 总是

测试说明：

选择“A”计1分，选择“B”计2分，选择“C”计3分，选择“D”计4分。最后将总分乘以1.25，“四舍五入”取整数即为你的最后得分。

测试结果：

1. 如果你的分数在50分或50分以下，表示你有时焦虑，需要经常放松一下。

2. 如果你的分数在50分以上，表示你的焦虑程度很严重，需要去看心理医生。

测试2：愤怒程度测试

认真回答以下10道题，本测试的目的在于考察你对愤怒的控制力。

1. 我从没有或极少发怒。（ ）

A. 同意　　B. 部分同意　　C. 不同意

2. 我避免表达愤怒，因为大多数人会误解为仇恨。（ ）

A. 同意　　B. 部分同意　　C. 不同意

3. 我宁愿掩饰对朋友的愤慨，也不愿冒失去对方的风险。（ ）

A. 同意　　B. 部分同意　　C. 不同意

4. 还没有人靠大发雷霆在争论中获胜。（ ）

A. 同意　　B. 部分同意　　C. 不同意

5. 我愿意自己解决怒火，不愿向别人倾诉。（ ）

A. 同意　　B. 部分同意　　C. 不同意

6. 遇到令人沮丧的情景时，发怒不是成熟或高尚的反应。（　）

A. 同意　　B. 部分同意　　C. 不同意

7. 某人正发怒时，处罚他可能不是明智的行为。（　）

A. 同意　　B. 部分同意　　C. 不同意

8. 发怒时争辩，只会把事情弄得更糟。（　）

A. 同意　　B. 部分同意　　C. 不同意

9. 发怒时我通常掩饰，因为我怕出丑。（　）

A. 同意　　B. 部分同意　　C. 不同意

10. 当对亲密的人感到生气时，应当以某种方式说出来，即使这样做很痛苦。（　）

A. 同意　　B. 部分同意　　C. 不同意

测试说明：

选择“A”计1分，选择“B”计2分，选择“C”计3分，然后相加得出总分。

测试结果：

1. 如果你的得分在24~30分，表示你承认愤怒情绪的存在，并认识到应该怎样表达愤怒才能更好地维护人际关系。

2. 如果你的得分在17~23分，表示你对应该怎样表达愤怒才能烟消云散，以及这样做的理由有一般性的掌握，但还有很大的改进空间。

3. 如果你的得分在10~16分，表示你不懂得如何处理愤怒情绪以改善与他人的关系。或许感觉愤怒会让你内疚，特别是当亲密的人惹你生气时。要提醒你的是，在当时就表达你的愤怒胜于事后幻想报复。

测试3：空虚程度测试

空虚是什么？你先不要急着知道答案，让我们先看看你现在的处境。你是不是经常唉声叹气："唉，生活真无聊！""算了，就这样吧，没什么意思了！"其实，你所表达的正是一种空虚心理。如果你不确定，可以通过以下测试题自我测试一下。请用"是"或"否"作答。

1. 你从不看重别人，只看重自己。（ ）
2. 你没什么特殊的爱好。（ ）
3. 你常想改变自己的生活方式。（ ）
4. 你对自己的工作或学习感觉很无聊。（ ）
5. 你经常与他人发生口角。（ ）
6. 你认为各方面都有很多不如意的地方。（ ）
7. 你的生活并不快乐。（ ）
8. 你对一切都不抱乐观的态度。（ ）
9. 你不喜欢和他人交往。（ ）
10. 你常常一有钱便购买想要的东西。（ ）
11. 你吃饭时不感到愉悦。（ ）
12. 你常常因财务问题而感到不满。（ ）
13. 你不大喜欢单位（学校）的领导（老师）和同事（同学）。（ ）
14. 你认为无论做什么都不值得高兴。（ ）
15. 你经常埋怨单位（学校）离家太远。（ ）

测试说明：

回答"是"得0分，回答"否"得1分。

测试结果：

1. 如果你的得分在6分以下，表示你非常空虚，你应该及时咨询心理医生，激发你对生活的热情。

2. 如果你的得分在6~9分，表示你的生活不够充实，比较空虚。对生活和工作多有不满，或者难以感觉到生活的乐趣。但因为你的态度比较诚恳，显示你具有改变生活、工作现状的愿望。有这种愿望还应认真分析自己不满的原因，并积极想办法加以解决。

3. 如果你的得分在9分以上，表示你对生活、工作现状满意，精神上较充实，往往生活态度乐观，充满热情。

测试4：忧虑程度测试

认真阅读以下测试题，选出适合你的回答。请用“是”“不知道”“否”作答。

1. 你是否经常与中学或小学时的老同学保持联系？（ ）
2. 你开车时经常感觉很紧张吗？（ ）
3. 你是否每天都担心自己的经济状况？（ ）
4. 你打篮球会不会犯规？（ ）
5. 你在看上去很健康的情况下会每个月去看医生吗？（ ）
6. 你在参加求职面试时会紧张吗？（ ）
7. 你是否总是担心掉头发？（ ）
8. 你见到陌生人是否难为情？（ ）
9. 你不愿意在晚会上独唱一首歌？（ ）

10. 你不愿意参加游戏比赛？（ ）

11. 你是否会为生活中一些琐碎的小事而担心？（ ）

12. 你是否准备在工作中承担责任？（ ）

13. 你是否担心上台演讲或演出？（ ）

14. 你是否总是忘记自己的车牌号？（ ）

15. 你是否会忘记别人的名字？（ ）

16. 你是否记不住自己的生日？（ ）

17. 你是否会乘车坐过站？（ ）

18. 你是否有时会忘记约会？（ ）

19. 你是否经常咬自己的手指甲？（ ）

20. 你是否有规律的饮食？（ ）

21. 你是否经常睡得不好？（ ）

22. 如果别人嘲笑你，你会感到心烦吗？（ ）

23. 你是否总是很准时付账单？（ ）

24. 你是否经常担心你在外的亲友？（ ）

25. 你是否有时会忘记自己的电话号码？（ ）

测试说明：

回答“是”得2分，回答“不知道”得1分，回答“否”得0分，然后将分数相加得出总分。

测试结果：

1. 如果你的总分低于17分，表示你不容易产生忧虑。你属于那种很幸运的人，通常对生活抱着很从容的态度，而且不会被琐碎的小事所困扰。这种态度不仅可以使你保持一种平静的心态，而且也会影响你周围的人。

2. 如果你的总分在18~35分，表示你有时会发现自己出现一定程度的紧张，但是基本上拥有平衡的心态，当问题出现时你会妥善处理，而且从来不为那些永远不会发生的事情感到担忧。

3. 如果你的总分在36~50分，表示你发现要让自己完全放松是很困难的事情，而且总是提醒自己为将来无法预知的事情做好准备。对于你来说，重要的是要尽量采取一种更放松的态度对待生活，要做到这样似乎很困难，因为忧虑的确会导致紧张，而紧张是各种严重健康问题的致病因素之一。